もくじ

はじめに―火山はすごくて、おもしろい 4

第1部 火山のしくみをみてみよう！

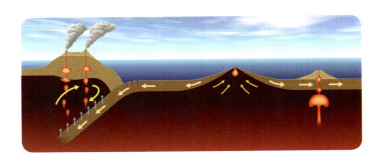

火山とプレート 6
マグマができる場所 8
噴火はどのようにおこるの？ 10
マグマ噴火のいろいろ 12
その他の噴火 14

第2部 日本のおもな火山

おもな火山を調べよう 50

北海道の火山
十勝岳 52
樽前山 56
有珠山 58
倶多楽 63
北海道駒ヶ岳 64
アトサヌプリ 66
雌阿寒岳 66
大雪山 67
恵山 67

東北の火山
十和田 68
クローズアップ
マグマがはこんだ宝物 70
鳥海山 72
磐梯山 76
岩手山 80
秋田駒ヶ岳 81
蔵王山 82
岩木山 83
八甲田山 83
秋田焼山 84

栗駒山 84
安達太良山 85
吾妻山 85

関東・中部の火山
浅間山 86
クローズアップ
溶岩のおもしろい形 88
新潟焼山 90
弥陀ヶ原（立山） 92
御嶽山 94
富士山 98

さまざまな火山の形① …………… 16	
さまざまな火山の形② …………… 18	
マグマのねばり気と火山の岩石 …… 20	クローズアップ 火山と地層 …………… 35
クローズアップ 噴火の大きさはさまざま … 22	火山ガスに気をつけよう ………… 36
火山からふき出すもの …………… 24	火山はめぐみもあたえてくれる …… 38
溶岩流のいろいろ ………………… 26	活火山ってどんな山？ …………… 40
火砕流ってどんなこと？ …………… 28	噴火警戒レベルとハザードマップ … 42
火山泥流ってどんなこと？ ………… 30	もしも噴火にであったら？ ………… 44
山体崩壊ってどんなこと？ ………… 32	噴火はどのように予知するの？ …… 46
噴石・火山弾ってどんなもの？ …… 34	噴火予知が苦手なこと …………… 48

クローズアップ もし富士山が噴火したら？ … 104	三宅島 ……………… 116	桜島 ………………… 140
箱根山 ……………… 106	神津島 ……………… 118	九重山 ……………… 144
伊豆東部火山群 …… 108	新島 ………………… 119	口永良部島 ………… 145
那須岳 ……………… 110	八丈島 ……………… 119	薩摩硫黄島 ………… 146
日光白根山 ………… 110	青ヶ島 ……………… 120	諏訪之瀬島 ………… 148
草津白根山 ………… 111	硫黄島 ……………… 120	クローズアップ 日本の西のはしの火山 … 149
焼岳 ………………… 111	クローズアップ 陸地を広げた西之島 … 121	
乗鞍岳 ……………… 112		さくいん …………… 150
白山 ………………… 112	**九州・沖縄の火山**	
クローズアップ くらしに役だつ軽石 … 113	鶴見岳・伽藍岳 …… 122	
	阿蘇山 ……………… 124	
伊豆・小笠原諸島の火山	クローズアップ カルデラをみてみよう … 128	
伊豆大島 …………… 114	雲仙岳 ……………… 130	
	霧島山 ……………… 136	

はじめに―火山はすごくて、おもしろい

林 信太郎（秋田大学教育文化学部教授）

　火山はすごい、そしておもしろい。日本にはいろいろな火山がある。それぞれの火山は個性的で、その火山について知れば知るほどおもしろい。でも、そのすごさやおもしろさを、子どもが自分で調べることはむずかしい*①。

　たとえば、インターネットで興味のある火山のことについて調べたとしよう。そうすると、でてくるのはたいへんむずかしい説明ばかりである。たぶん、子どもたちにとっては「ナゾのことば」の集まりに思えるだろう。

　日本じゅうの火山のすごさやおもしろさが、すぐにわかるような本があったらいいと、みなさんは思うよね。じつは私もそう思った。そしてつくったのがこの図鑑である。この図鑑をつくるにあたって、ふたつのことに気をつけた。

■「ナゾのことば」を使わない

　ひとつ目。むずかしい「ナゾのことば」をできるだけ使わないで書くようにした。火山についてわかってもらうために、どうしても必要な言葉はこの本の前半で解説してある*②。また、図や写真などを使い、できるだけビジュアルにわかりやすくした。

■火山―こわいところといいところ

　ふたつ目。火山のこわさだけではなく、火山のいいところもできるだけくわしく書くようにした。

　火山はとてもすごい存在だ。噴火のとき、火口の近くにいたりすると、もちろんたいへん危ない。また、大きな噴火だと、ふもとも危なくなることがある。でも、考えてみてほしい。火山は噴火しているときと、そうでないときはどっちのほうが長いかな？　じつは噴火をしていない時間のほうが、噴火をしている時間よりも、ずっとずっとはるかに長いのだ。火山の近くでは、ふだんはとても静かな時間が流れていく。

　そんな静かなときは、火山はじつにいいところなのである。風景がよいし、温泉もある。たっぷりのわき水があり、土も豊かだ。人々がくらすことのできる平らな土地もある。このようなわけで、火山の近くはとても気持ちがよく、くらしやすい。

　この図鑑では、そんな火山のこわいところといいところの両方を書くように気をつけた。みなさんもぜひ自分の家の近くの火山や、これから登ろうとする火山について調べ、こわいところといいところの両方を知ってほしい。

　なお、この本を書くにあたっては、さまざまな火山学者やジオパーク関係者にいろいろなことを教えていただき、資料を提供していただいた。巻末にその方々のお名前を書かせていただいた。以上の方々に大きな感謝をささげます。なお、この本になにか誤りがあったとしたら、それは監修にあたった私の責任であることはいうまでもない。

　火山はすごいし、おもしろい。さあ、この本を読んで、火山を安全にそして気持ちよく楽しもう！

*①「火山はすごい」という言葉は、鎌田浩毅著『火山はすごい』（PHP文庫）からきている。この本もおすすめ。
*②私の著書『世界一おいしい火山の本』もぜひ参考にしてほしい。

火山とプレート

火山は日本をはじめ、世界じゅうに分布している。まずは火山が地球上のどこにあるかをみてみよう。地図をみると、ほとんどの火山はかたまって列のようにならんでいる。これはどうしてだろう？

まずは、地球をおおっているプレートの話からはじめるよ。

地球のなかみ

地球のなかみはゆで卵に似ている。黄身にあたるのが**核**、白身にあたるのが**マントル**だ。殻にあたるのが**地殻**といって、いろいろな岩石でできている。わたしたちはこの地殻の上でくらしているのだ。

地殻
いろいろな岩石でできている。

プレート
かたい地殻と、マントルのいちばん上のかたい部分をあわせて、このように呼ぶ。つまりプレートとは地球表面のかたい板なのである。厚さは数十〜百数十kmもある。

マントル
下のほうはやわらかめの岩石で、ゆっくりと流れることができる。上のほうはかたい岩石だ。

外核
内核のまわりを流れる、高温のとけた鉄。

内核
鉄のかたまりだ。

プレートと火山・地震

▲はおもな火山、※は1999～2008年におきた地震のうち、震源が60kmより浅く、マグニチュード5以上のものの震央をしめす。

地球は10数枚のプレートでおおわれている。プレートはやわらかいマントルの上にのっていて、←のようにゆっくりと動いている。火山や地震は、これらのプレートどうしのさかい目に集中している。

日本のまわりのプレート

日本のまわりには4枚ものプレートがあって、さかい目が複雑になっている。プレートのさかい目には地震や火山が多い。日本は世界でも最も地震や火山の多い国のひとつなのである。

太平洋プレートとフィリピン海プレートは、プレートのさかい目から地下深くへともぐりこんでいる。このプレートが地下深くへともぐりこむことで、火山ができているのだ。

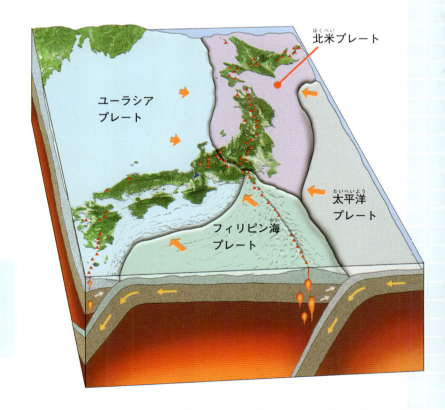

なんと世界の噴火や地震の1割が、日本でおこると言われているんだって。

マグマができる場所

プレートはとてもゆっくりとだが、動いている。前のページでみた太平洋プレートは1年あたり10cmていどのスピードで、東日本が乗った北米プレートの下にもぐりこみ続けている。これは人間の髪の毛や爪がのびるくらいのスピードだ。フィリピン海プレートも1年あたり4cmほどの速度で、西日本がのったユーラシアプレートの下にもぐりこみ続けている。

プレートにはじつは水がふくまれている*①。プレートがしずみこむことで、日本列島のはるか深いところでその水がでてくる。この水が主役になって、やがてマグマが生まれることになる*②。

マグマとは、岩石がどろどろにとけた熱い液体のことである。これが火山のおおもとになるのだ。

それと、プレートは日本列島を強い力で押しながらもぐりこんでいく。この力のために、日本には地震も多いのだ。

プレートの動きはとてもゆっくりに思えるけど、何千万年という時間のなかでは、とても長い距離を移動することができるんだ。

日本の下にしずみこんでいく太平洋プレートやフィリピン海プレートは、海底をつくっているプレートだ。陸をつくっているプレートより重いから、その下にもぐりこんでいくんだよ。

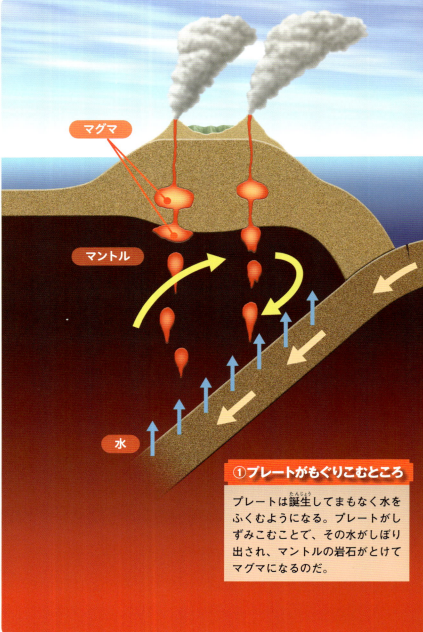

①プレートがもぐりこむところ

プレートは誕生してまもなく水をふくむようになる。プレートがしずみこむことで、その水がしぼり出され、マントルの岩石がとけてマグマになるのだ。

*①水がふくまれていると言っても、多くは鉱物の中にがっちり閉じこめられている。

火山ができる場所

火山ができる場所は3つある。❶プレートが、もうひとつのプレートの下にもぐりこんでいくところ❷ふたつのプレートがはなれるところ❸プレートの中。

さきほどもお話ししたように、日本列島は❶の、プレートがしずみこんで火山ができる場所である。❷は大西洋、インド洋、南太平洋のほぼ中央にあり、海底火山の山脈（海嶺）ができている。❸はプレートのさかい目ではない場所で、アメリカ・ハワイ州の火山がこれにあたる。

かんらん岩 マントルの上のほうは、この岩石でできている。マグマはおもに、このかんらん岩が少しだけとけてできた液体である。

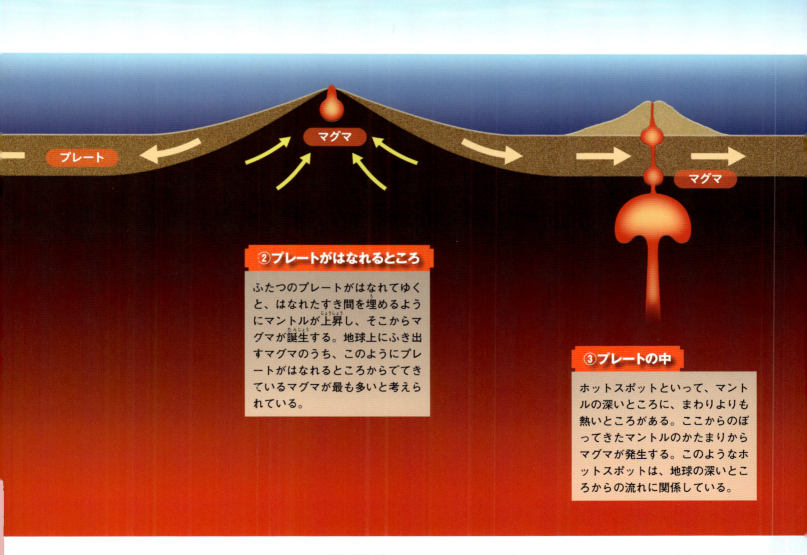

②プレートがはなれるところ

ふたつのプレートがはなれてゆくと、はなれたすき間を埋めるようにマントルが上昇し、そこからマグマが誕生する。地球上にふき出すマグマのうち、このようにプレートがはなれるところからでてきているマグマが最も多いと考えられている。

③プレートの中

ホットスポットといって、マントルの深いところに、まわりよりも熱いところがある。ここからのぼってきたマントルのかたまりからマグマが発生する。このようなホットスポットは、地球の深いところからの流れに関係している。

＊②水がつけ加わることでマグマが発生しやすくなる。有馬温泉（神戸市）はこのような水がそのまま地面にしみ出してきたものといわれる。

噴火はどのようにおこるの？

火山のもとになる**マグマ**は、地下深くの岩石がとけることによってできる。**噴火**は、このマグマが地下から上がってくることでおこる。

マントルから上がってきたマグマは地下にたまり、巨大な袋状のかたまりになる（**マグマだまり**）。いろいろなきっかけで、このマグマだまりから地面にマグマがもれ出してくるのが**マグマ噴火**である。

マグマだまりから上がっていくうちに、マグマにかかっていた圧力が下がり、マグマにとけこんでいたガス（おもに水蒸気）が泡だち始める。

泡だった分だけマグマは軽くなり、地面に向かってどんどんスピードを上げていき、火口からはげしくふき出す。

岩石のとけたマグマは、高温でドロドロで、ガスがとけこんでいるのが特徴だ。

このガスのあわだちが、噴火を知るうえでとても大事なんだ。くわしくは下のコラムを見てね。

林先生のここがポイント！
コーラと似ているマグマの泡だち

コーラのペットボトルをゆらしてしまって、泡がふき出してしまった経験は、みなさんにもあるだろう。

左の絵は、コーラをマグマに見たてた実験のようすだ。ボトルのフタには、あらかじめ小さな穴を開けておく。ボトルをゆすって刺激すると、たくさんの泡が一気にでき、その分だけコーラはふくれる。そのためフタに開けた穴から、コーラがいきおいよくふき出すのだ。

マグマは、地下深くから上がってくると、かかっている圧力も下がる。コーラのフタを取ったときと同じだ。マグマにどんどん泡がたまって、爆発的な噴火をおこすのである。

いっぽうで、マグマが上がってくるとちゅうでガスがぬけてしまうばあいもある。気がぬけてしまうので、爆発をおこさずに、溶岩が流れ出すような噴火となる。

◀コーラを使った噴火の実験。できるだけ広いところでやろう。

＊右ページの絵は、成層火山（17ページを見よう）のマグマ噴火をえがいています。

マグマ噴火のしくみ

マグマは、活火山の地下深くにあるマグマだまりから、火道を通ってふき出してくる。火山ガスを多くふくんだまま地面に近づくと、爆発してしぶきとなってふき上がる。とちゅうでガスがぬけてしまうと、溶岩として流れ出す。

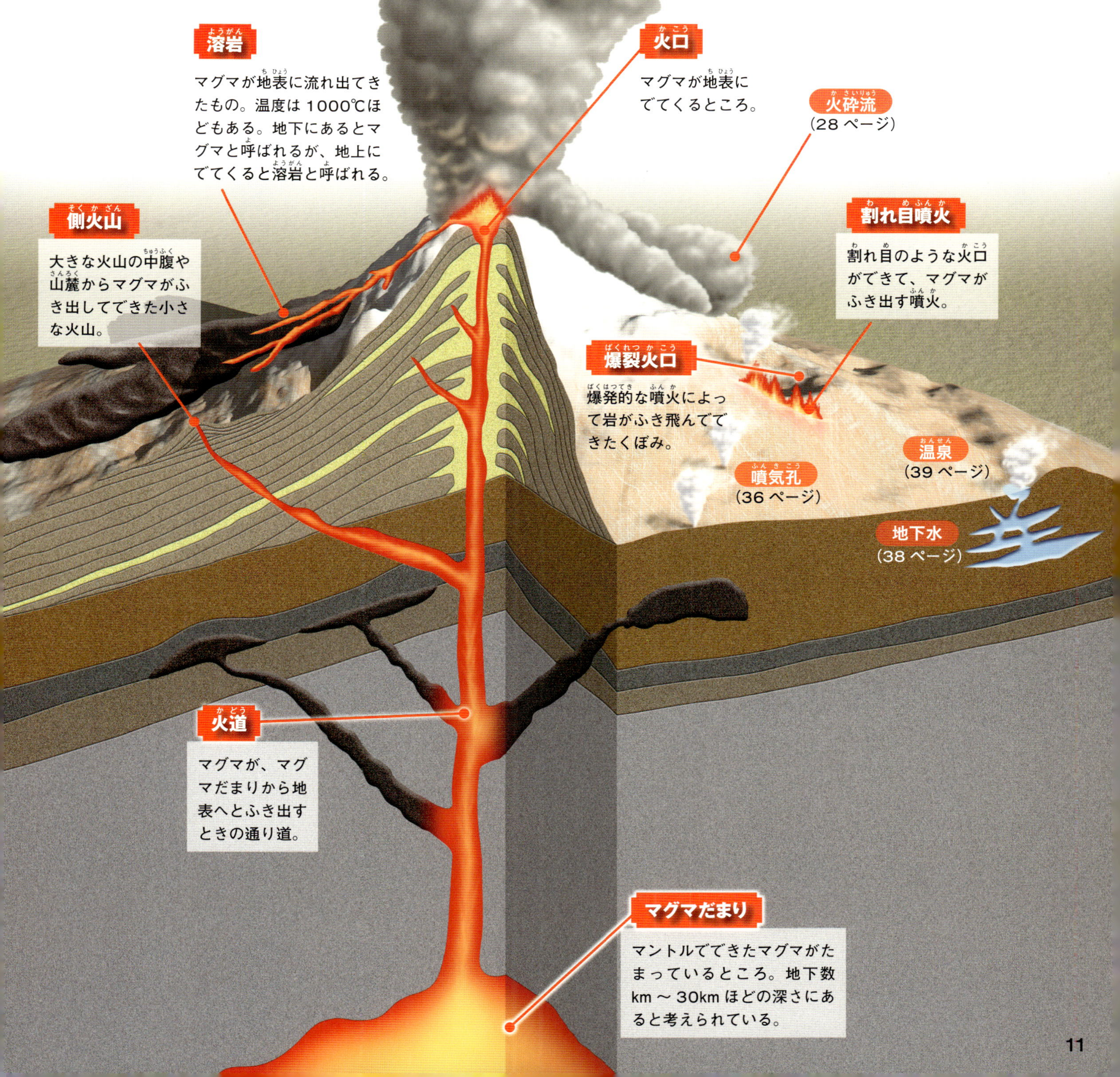

噴煙
火山ガス（おもに水蒸気）と火山灰が入りまじって、火口からふき上がる煙。火山灰はこまかなマグマのしぶきがかたまったものだ。水蒸気の量が多ければ白っぽい噴煙になり、火山灰の量が多ければ灰色から黒っぽい噴煙になる。

溶岩
マグマが地表に流れ出てきたもの。温度は1000℃ほどもある。地下にあるとマグマと呼ばれるが、地上にでてくると溶岩と呼ばれる。

火口
マグマが地表にでてくるところ。

火砕流
（28ページ）

側火山
大きな火山の中腹や山麓からマグマがふき出してできた小さな火山。

割れ目噴火
割れ目のような火口ができて、マグマがふき出す噴火。

爆裂火口
爆発的な噴火によって岩がふき飛んでできたくぼみ。

噴気孔
（36ページ）

温泉
（39ページ）

地下水
（38ページ）

火道
マグマが、マグマだまりから地表へとふき出すときの通り道。

マグマだまり
マントルでできたマグマがたまっているところ。地下数km～30kmほどの深さにあると考えられている。

マグマ噴火の いろいろ

噴火はマグマがおこすこと、そして、マグマが地上にふき出すタイプの噴火（マグマ噴火）についてみてきた。

地下深くのマグマがふき出すというと、はげしい噴火を思いうかべるかもしれないけど、トロトロと溶岩が流れ出すおだやかな噴火もあれば、上空数十kmの高さまで噴煙をふき上げる爆発的な噴火もある。

ここでは、いろいろなマグマ噴火のタイプをみてみよう。

マグマのねばり気が弱いと、泡がぬけやすいので、おだやかな噴火になることが多い。ねばり気の強いマグマでは、泡がどんどんたまるので、はげしい噴火になりやすいんだ。

おだやかな噴火というのもあるんだね。

ハワイ式噴火

ねばり気の少ない、さらさらしたマグマが火口からふき出す噴火。マグマがさらさらだと、中の泡がすぐにぬけてしまい、おだやかな噴火になる。ハワイの火山が代表的なので、「ハワイ式噴火」とよばれる。

おもなハワイ式噴火の火山

マウナロア火山（アメリカ・ハワイ島、16ページ）、キラウエア火山（同、26ページ）、エルタアレ火山（エチオピア）

ストロンボリ式噴火

ねばり気の弱いマグマのおこす噴火。マグマのねばり気は、ハワイ式噴火のものよりも、ほんの少し強い。マグマのしずくがかたまった火山弾（34ページ）をふき出す小爆発がときどきおこる。爆発と爆発のあいだはとても静か。イタリアのストロンボリ火山がその代表。

おもなストロンボリ式噴火の火山

阿蘇山（124ページ）、伊豆大島（114ページ）

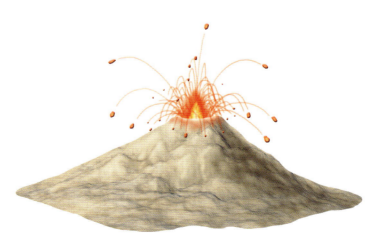

← 弱　　　マグマのねばり気

← 低　　　噴煙の高さ

マグマのねばり気についてのくわしい説明は、20ページを見てね。

プリニー式噴火

ブルカノ式よりも、さらにねばり気の強いマグマがおこす噴火。マグマが爆発してばらばらにちぎれ、噴煙がまわりの空気をとりこんで、ときに上空数十kmの高さまで立ちのぼる。火口からはなれた場所では、軽石や火山灰などが雪のように降ってくる。噴煙が重いと、上りきらずにとちゅうでくずれおち、火山の斜面をかけくだる火砕流（28ページ）となる。1世紀にイタリアでおこったベスビオ火山の噴火を記録した博物学者・小プリニウスにちなんだ名前。

おもなプリニー式噴火の火山
霧島山（136ページ）、有珠山（58ページ）、ピナツボ火山（フィリピン、30ページ）

ブルカノ式噴火

ストロンボリ式噴火よりもねばり気の強いマグマがおこす噴火。マグマのねばり気が強いと、泡がなかなかぬけ出せずにふくらむので、爆発的なはげしい噴火になる。軽石や火山弾、火山灰（25ページ）がいきおいよくふき出す。イタリアのブルカノ火山にちなんで、この名がつけられた。

おもなブルカノ式噴火の火山
桜島（140ページ）、浅間山（86ページ）

マグマのねばり気　強→

噴煙の高さ　高→

その他の噴火

前のページで、マグマがそのまま地上にでてくる噴火をみてきたが、噴火には、それ以外の原因でおこるものもある。マグマによって、水が急激に沸騰して爆発する**マグマ水蒸気噴火**と**水蒸気噴火**だ。

マグマで熱くなった地下の水が、急速に沸騰し、爆発する噴火もあるんだ。

マグマ水蒸気噴火

熱いマグマが、水の中にふき出しておこる噴火。マグマがちょくせつ水にふれて水蒸気が爆発する。浅い海の中や、海岸などの地下水がたくさんあるところでおこることが多い。とくに水深が浅い海で、マグマがふき出すと大爆発になることがある。火山灰の中には、水で冷やされてできた、きれいなガラス（21ページ）が入っている。

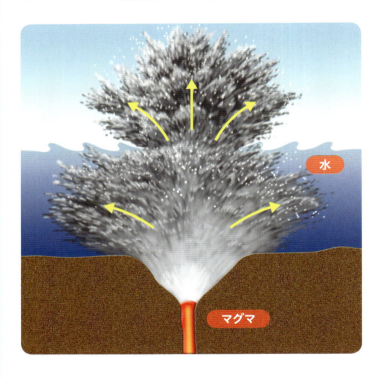

天ぷら油に水が落ちてしまうと、バチンといって油がはねる。マグマ水蒸気噴火は、それの大規模なものだと考えればいいんだ。

明神礁の大爆発 伊豆諸島の南にある明神礁で、1952（昭和27）年に大規模なマグマ水蒸気噴火がおこり（右）、噴火を調査していた第五海洋丸の乗組員31人全員が犠牲となった。この年から翌年にかけて、噴火のたびに新島があらわれ、消滅するということをくりかえした。

ベヨネーズ列岩 海底火山の頂上が海上につき出したもの。明神礁もそのひとつだった。

1952（昭和27）年の噴火 マグマ水蒸気噴火で噴煙が500mの高さに上がった。

＊マグマ水蒸気噴火は「マグマ水蒸気爆発」、水蒸気噴火は「水蒸気爆発」と言うこともある。

林先生のここがポイント！
噴火のしかたのまとめ

噴火には、大きくわけると、マグマがそのまま地上にふき出すマグマ噴火、マグマがちょくせつ水にふれて爆発するマグマ水蒸気噴火、マグマの熱で熱くなった水でおきる水蒸気噴火の3つがある。

こうしたタイプのちがいは、ちょっとむずかしいし、専門的だと感じるかもしれない。ただ、あなたのくらす地域の火山に、どのタイプの噴火を多くおこす「くせ」があるかによって、万が一のときの避難のしかたもかわってくる。まさかのときにそなえるために、こうした火山の「ふるまい」を知っておこう。

水蒸気噴火

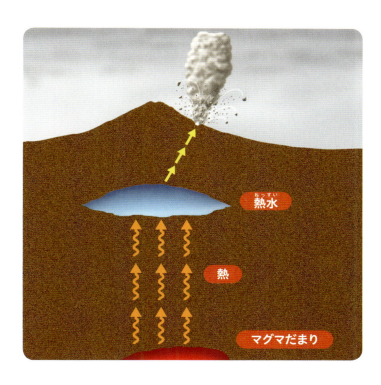

火山の地下には、マグマの熱が水に伝わったことによってできる「熱水」がある。熱水が浅いところに上がってきたり、熱水だまりのフタがこわれたりすると、「ドーン」と爆発する。ちょっとむずかしいね。

水蒸気噴火も、マグマの熱が水に伝わっておこるのだけど、マグマが水にちょくせつ触れないというところが、マグマ水蒸気噴火とのちがいだ。

御嶽山の噴火 戦後最悪の火山災害となった2014（平成26）年の御嶽山噴火は水蒸気噴火だった。爆発でふき飛んだ噴石によって、多くの方が命をおとした（94ページも見よう）。

さまざまな火山の形①

ここからは火山の形についてみてみよう。噴火のしかたによって、火山の形はいくつかのタイプにわけられる。

大まかには、何回もの噴火をくりかえしてかたちづくられる**複成火山**と、1回だけの噴火でできる**単成火山**にわけられる。まずは複成火山からみてみよう。

ここでみる「成層火山」は、日本で最も多いタイプの火山だ。富士山をはじめ、鳥海山、桜島などが成層火山なんだ。

楯状火山

ねばり気の弱い溶岩が四方に流れ、それが何回もの噴火で積み重なってできた火山。西洋の騎士の持っている楯をふせたような形をしていることから、このように呼ばれる。ハワイの火山に多い。

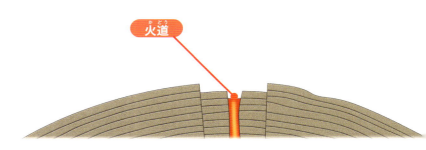

マウナロア火山 アメリカ・ハワイ州にある火山。平らに見えるが、標高は4169mもある。この山の体積は約7万5000立方kmもあり、地球上で最も体積の大きな山である。なんと富士山の100倍以上もの体積があるのだ。

成層火山

溶岩が流れ出し、火山弾や火山灰（24～25ページ）が降りつもることをくりかえしてできた火山。火口のまわりに熱いマグマのしぶきがべたべたとくっついて、火口のまわりがもり上がり、富士山のような形の火山となる。

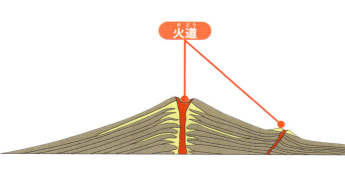

富士山 おもに10万年ほど前からくりかえしおこった噴火でかたちづくられた（98ページも見よう）。

カルデラ

火山のはたらきによってできた巨大なくぼ地。大量のマグマが火砕流（28ページ）で一気にふき出し、マグマだまりの天井が落ちこむなどしてできる。

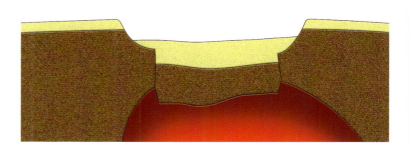

阿蘇カルデラ 27万年前～9万年前におこった、4回の超巨大噴火でできたカルデラだ。南北の直径約25km、東西の直径約18kmもある巨大なへこみで、このカルデラの中におよそ4万5000人もの人々がくらしている（124ページも見よう）。

さまざまな火山の形②

　こんどは1回だけの噴火でかたちづくられる火山をみてみよう。こうした火山のことを**単成火山**という。ひと口に火山といっても、いろいろな形があるのに気づくだろう。

　溶岩がその場にもり上がってできた火山もあれば、マグマのしぶきがかたまったスコリア（黒い軽石）や火山弾など（まとめて**火山砕屑物**という）がつもってできた火山もあるのだ。

火山には「山」という字がついているけれど、へこんでいる火山もある。マグマがふき出してできた地形のことを、広く火山と呼ぶんだ。

溶岩ドーム

溶岩が火口の上にもり上がってできた火山。溶岩のねばり気が強いため、まわりに流れずにその場でもり上がる。

スコリア丘

噴火でふき出すスコリア（黒い軽石、24ページを見よう）が積み重なってできる火山。

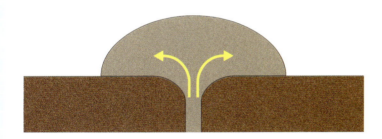

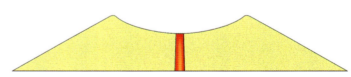

樽前山の溶岩ドーム　1909（明治42）年に噴火したときに、山頂にできたもの（56ページも見よう）。

阿蘇山の米塚　3000年ほど前の噴火でスコリアがふき出してできた、高さ80mほどの火山（126ページも見よう）。

林先生のここがポイント！

ねばり気が強いほどもり上がる！

マグマのねばり気と、溶岩の流れやすさについて、ソースやマヨネーズを使って考えてみよう。

ソースやマヨネーズを乗せたお皿をかたむけてみると、どれも下へと流れていくね。ソースはうすく広がり、遠くへと流れていく。

これに対して、マヨネーズはなかなか流れてゆくことができず、その場でもり上がり、ほとんど下へと動かずに、溶岩ドームのような形になってしまう。

溶岩の流れかたもこれと似ている。ねばり気の弱い溶岩はサラサラと薄く、遠くまで広がることができる。いっぽう、ねばり気の強い溶岩はほとんど流れずに、その場で上へともり上がるのだ。

◀ 上からマヨネーズ、マヨネーズとソースをまぜたもの、ソースを流してみた。ねばり気によって流れかたがちがう。

タフリング・マール

マグマ水蒸気噴火によって、火山砕屑物（火砕物）が火口のまわりにつもって丘になったもの。このくぼみに水がたまっている場合はマールという（108ページも見よう）。

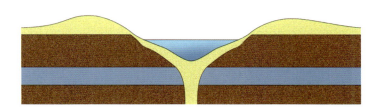

火山って、ふつうの山みたいな形をしているものだとばかり思っていたけど、ずいぶんいろいろな形があるんだね。

ダイヤモンドヘッド　アメリカ・ハワイ州の火山。約15万年前のマグマ水蒸気噴火でできたとみられ、ハワイの名所となっている。

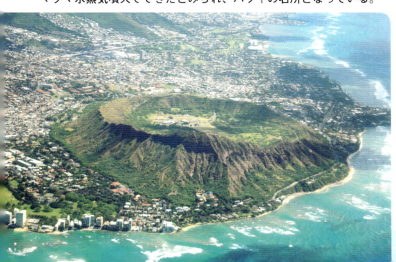

そう。17ページでみたカルデラのように、へこんでいる火山もあるし、カルデラに水がたまって湖となっているものも火山なんだ。68ページの「十和田」も見てね。

マグマのねばり気と火山の岩石

噴火のはげしさや、噴火によってできる火山の形に、マグマのねばり気が影響しているということをみてきた。

では、同じマグマでも、ねばり気の強いものと、ねばり気の弱いものでは、なにがちがうのだろう？　マグマがかたまった石から、それをさぐってみよう。

日本の多くの石は、マグマがかたまってできたものだ。きっとみなさんも、毎日かならず一度は、マグマがかたまった石をふんでいるんだ。

マグマがかたまった岩石

マグマが冷えてかたまった岩石を火成岩という。火成岩はそのできかたによって、火山岩と深成岩にわけられる。

「火山岩」とか言うけれど、マグマがふき出したら、溶岩になったり、軽石になったりするんじゃないの？

「プラスチックでできたコップ」と言うとき、「プラスチック」はもとのもの、「コップ」はプラスチックを成形してつくったものだよね。「流紋岩でできた軽石」というのもそれと同じ。もとのものが「流紋岩」、できた形が「軽石」なんだ。

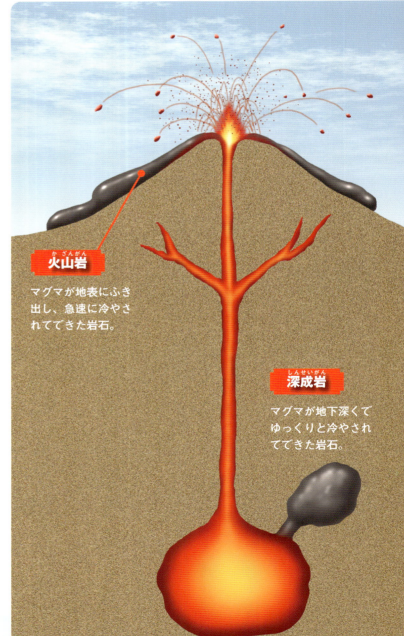

火山岩
マグマが地表にふき出し、急速に冷やされてできた岩石。

深成岩
マグマが地下深くてゆっくりと冷やされてできた岩石。

火山岩と深成岩

マグマのねばり気を決めているのは、シリカ（SiO_2）という成分だ。シリカの量が多いほど、マグマのねばり気が強くなる。

マグマが地上にふきだしてかたまった岩石（火山岩）	玄武岩	安山岩	デイサイト	流紋岩
マグマのねばり気	弱い	中間	やや強い	強い
溶岩の流れかた	速く遠くまで流れる	ゆっくり流れる	ゆっくり流れたり、その場にもり上がったりする	ゆっくりその場にもり上がることが多い
噴火のようす	おだやか	中間	ややはげしい爆発	はげしい爆発
石の色	黒っぽい（例外もある）	中間	灰色～白っぽい	白っぽい（例外もある）
マグマが深いところでかたまった岩石（深成岩）	はんれい岩	せんりょく岩	かこうせんりょく岩	かこう岩

鉱物のいろいろ

火成岩は、おもにこれらの鉱物でできている。どの鉱物がどのくらいふくまれているかによっても、火成岩の色がちがってくる。ねばり気の弱いマグマには黒っぽい鉱物が多い。ねばり気の強いマグマには白っぽい鉱物が多い。

がんらん石 宝石にもなる緑色や黄色の透明な鉱物。

輝石 黒いことが多い。短い柱のような形をしている。

かくせん石 黒くて細長く、ほとんど光を通さない。光が反射する。

黒雲母 うすくパリパリとはがれる鉱物。黒くてやわらかい。

磁鉄鉱 磁石にくっつく。砂鉄は磁鉄鉱でできている。

長石 白っぽいものが多い。地球上の多くの石にふくまれる。

石英 無色で、透明で、かたい。水晶は石英のなかま。

火山ガラス 火山灰や火山岩に入っている。マグマが急速に冷えてできる。

＊火山ガラスのみ顕微鏡写真です。

噴火の大きさはさまざま

さまざまな噴火のタイプや、それによってかたちづくられる火山の形をみてきた。ここでは噴火の大きさをみてみよう。

雲仙岳（130ページ）の1990年代の噴火は、戦後2番目の火山災害となってしまったが、じつは噴火の規模だけでみると、それほど大きくなかった。はるか大昔には、とても信じられないような大きさの噴火がおきていたのだ。

歴史に残る富士山の噴火も、巨大なカルデラ噴火にくらべればそんなに大きくない。火山のスケールにくらべると、人間がいかに小さなものなのかがわかるよね。

▲ 噴火の大きさくらべ

さまざまな噴火ででてきたマグマのおおよその体積を球でくらべてみた。

1立方kmでも東京ドーム約800杯分。小学校のプールだと、およそ300万杯分にあたるんだって。ものすごい量だね！

東京ドーム　124万立方m

富士山（98ページ）
1707年
0.7立方km

桜島
（140ページ）
1914年
1.5立方km

十和田
（68ページ）
915年
2.3立方km

鬼界カルデラ（146ページ）
7300年前
85立方km

始良カルデラ（129ページ）
2万9000年前
300立方km

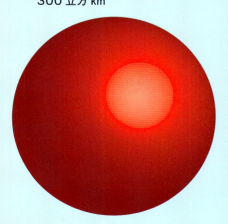

▲ 記録に残る日本の大噴火

火山名	年代	ふき出したマグマの量
十和田	915年	2.3立方km
桜島	1779〜82年	2立方km
樽前山	1739年	1.6立方km
桜島	1914年	1.5立方km
富士山	864〜66年	1.2立方km
北海道駒ヶ岳	1640年	1.1立方km
有珠山	1663年	1.1立方km
樽前山	1667年	1.1立方km
桜島	1471〜76年	0.8立方km
神津島	838年	0.7立方km
新島	886年	0.7立方km
富士山	1707年	0.7立方km

＊記録に残る日本の噴火で大きなものをならべた。噴火の大きさは、でてきたマグマの量ではかる。ただし、噴火ででてきたマグマの量を調べることはなかなかむずかしいので、これらの数字は目安だと思ったほうがよい。

トバカルデラ インドネシアにある世界最大のカルデラ湖。南北約84km、東西約24kmにもなる。

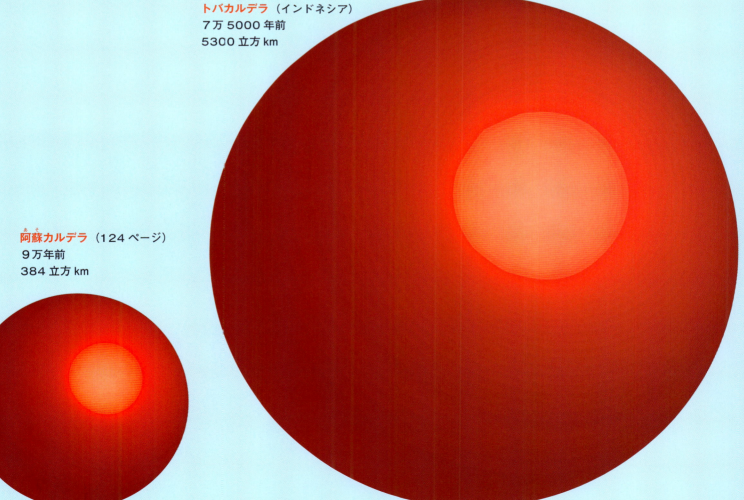

トバカルデラ（インドネシア）
7万5000年前
5300立方km

阿蘇カルデラ（124ページ）
9万年前
384立方km

火山から
ふき出すもの

ここからは噴火の災害について、くわしくお話ししよう。まずは噴火のときに、どんなものが火口からでてきたり、まわりに飛びちったりするかをみてみよう。

噴火のしかたによって、でてくるものがかわってくるんだ。ここでは、おだやかな噴火と爆発的な噴火で、おもにでてくるものを紹介するよ。

おだやかな噴火

火山弾

噴火で火口から飛び出してくる高温の溶岩の破片。溶岩のねばり気によって、さまざまな形になる。この火山弾は伊豆大島（114ページ）の噴火ででたもので、ねばり気の弱いマグマの噴火だと、このような形になる。

スコリア

こまかな穴がたくさん開いた軽石だ。ただ、右のページの軽石とはちがい、黒あるいはこげ茶色をしている。ねばり気の弱いマグマの噴火でできる。

溶岩

岩石がどろどろにとけた高温の液体。その温度は800〜1200℃になる。地下にあるうちはマグマと呼ばれるが、地上にでてくると溶岩と呼ばれる。ねばり気が弱いほど遠くまで流れることができる。ねばり気が強いと、流れずにその場でもり上がり、溶岩ドーム（18ページ）をつくることがある。

爆発的な噴火

噴煙
火口から立ちのぼる煙のことで、火山灰などのこまかい物質と火山ガスがまじりあったもの。数 km から数十 km の高さにまで立ち上がった噴煙を噴煙柱と呼び、これがくずれて火砕流（28ページ）となることがある。

火山灰
火山が爆発的に噴火したときにできる、こまかくくだけた岩石の破片。2mm 以下の大きさの粒である（104ページも見よう）。

火山ガス
火口や噴気孔からでてくるガスである。その成分はほとんどが水蒸気だが、二酸化炭素や硫化水素、二酸化硫黄などもまざっている。

軽石
爆発的な噴火によってできる軽くて白い石。よく泡だったマグマが冷えてかたまったもので、こまかい穴がたくさん開いている。

火山弾
高温の溶岩の破片であることは同じだが、ねばり気が強いと形がかわる。これはパン皮状火山弾と呼ばれるものだ。中が熱いうちに泡ができてふくらむと、外側の皮のようにかたまった部分が割れるのである。できかたも割れかたもフランスパンそっくりだ。

溶岩流のいろいろ

溶岩流とは、マグマが火口から静かにでてきて、そのまま流れ出したものである。

噴火がおこってから溶岩が流れ出すまでには時間があるし、走って逃げられるくらいの速度で流れてくるので、急な斜面でなければ、人の命がうばわれることはない。

だけど、人々のくらす場所まで大量に流れてくると、家々をおしつぶし、その熱で火災をおこす災害となるのだ。

溶岩流から逃げることはむずかしくないけど、家や街にたいへんな損害をあたえることがあるんだね。

溶岩が流れこんだ学校 三宅島の1983（昭和58）年の噴火では、マグマが噴水のようにふき上がり、溶岩となって山腹を流れくだった。400戸近い家々がおしつぶされたり、燃えたりした。島の南西部にあった阿古小中学校にも溶岩（手前にある黒くて小山のように見えるもの）が流れこんだ（116ページも見よう）。

パホイホイ溶岩

表面がなめらかな溶岩をこう呼ぶ。パホイホイとは「なめらかな」という意味のハワイの言葉で、ハワイのキラウエア火山などでよくみられる溶岩だ。マグマのねばり気が弱いので、さらさらと流れる。

ハワイ・キラウエア火山のパホイホイ溶岩 おだやかな噴火で流れ出した溶岩だ。キラウエア火山の噴火は、現在（2017年2月）まで30年以上も続いている。

アフリカのニイラコンゴ火山の溶岩は、時速およそ60kmで流れた。これが世界記録。ふつうはずっとおそいんだ。

アア溶岩

表面がガサガサのたくさんの岩でおおわれた溶岩をこう呼ぶ。とげとげしていて、さわるととても痛く感じる。ハワイの火山に多くみられるが、富士山（98ページ）や岩手山（80ページ）にもある。マグマのねばり気が弱い〜中間の場合にできる。

岩手山の焼走り溶岩 江戸時代の1732年の噴火で、山の中腹から大量の溶岩が流れ出した。「焼走り溶岩流」と呼ばれ、特別天然記念物に指定されている。

ブロック状溶岩

多面体のブロックのような岩が積み重なったように見える溶岩。ただ、中のほうは大きな溶岩のかたまりになっている。ねばり気が中間〜強いマグマによってできた溶岩に多い。浅間山（86ページ）の鬼押出しや、鳥海山（72ページ）などでみられる。

鳥海山の1801年噴火ででた溶岩 江戸時代の1800年から噴火が始まり、翌1801年に溶岩ドームができて、いまの山頂となった。その噴火のときにでてきた溶岩。

枕状溶岩

海底に流れ出した溶岩が、急速に水に冷やされてかたまったもの。いったん表面が冷えると、熱い中身が表面を破って流れ出し、新しい枕状溶岩をつくるということをくりかえす。西洋の細長い枕を重ねたように見えるので、このように呼ばれる。

枕状溶岩 千葉県鴨川市の海岸でみられるもの。海底火山の噴火でふき出したマグマがかたまってできた。

火砕流ってどんなこと？

火山の噴火現象の中で、最も危険なのが**火砕流**である。熱い岩のなだれが猛スピードでかけくだってくる、恐ろしい現象だ。これにのみこまれたら家々も森林も破壊され、あらゆる生き物は死にたえてしまうのだ。戦後2番目の火山災害となった、1991（平成3）年の雲仙岳の噴火では、この火砕流にまきこまれた人々が犠牲になったのである（130ページを見よう）。

火砕流は人間の力で立ち向かえるような現象じゃない。火砕流がおこりそうなときは、あらかじめ逃げておくことが大事だよ。

モンプレー火山の火砕流 南北アメリカ大陸にはさまれた、フランス領西インド諸島のモンプレー火山の1902年の噴火で観察された火砕流。立ち上がった噴煙柱がくずれ、海のほうに流れくだっている。

火砕流がおこるしくみ

噴煙柱がくずれる
●始良カルデラ（129ページ）

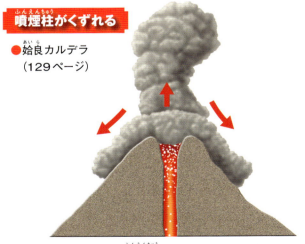

上空高く立ち上がった噴煙柱が重い場合、その重さにたえきれずにくずれ落ち、山の斜面をかけくだる。

溶岩ドームなどがくずれる
●雲仙岳（130ページ）

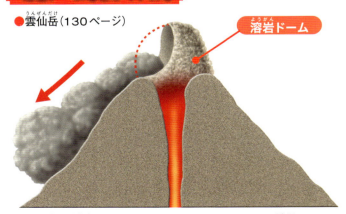

急な斜面に溶岩ドーム（18ページ）ができると、溶岩ドームの一部がくずれて火砕流となることがある。

火砕流の速度

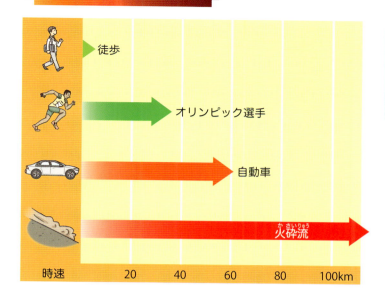

そのへんを走っている自動車よりも、はるかにスピードが速いんだね！

火砕流には「高速」「高温」「高破壊力」という3つの特徴がある。これが発生してから逃げようと思うと、手おくれになってしまうんだ。

　火砕流は2つの層でできている。底のほうは、熱い岩と火山灰と火山ガスが濃密にまじりあった「熱い岩のなだれ」のような層で、「火砕流の本体」と呼ばれる。上にかぶさっている層は「火砕サージ」といい、熱い火山灰と火山ガスが砂嵐のように吹きあれる部分だ。火砕サージはもくもくとした雲のように見えるが、山や谷をこえて広がってゆく危険な流れである。

　火砕流は数百℃もの温度があり、時速70km～110kmのスピードで流れ、広がってゆく。秒速にすると20～30mとなる。オリンピックの100m走の選手の走るスピードが秒速10mていどなので、とても走って逃げ切れるような現象ではないのだ。

火砕流の破壊力

　この写真は、前のページで見たモンプレー火山のふもとのサンピエール市のようすだ。火砕サージがたちまちのうちに街をのみこみ、およそ2万9000人もの人々が犠牲となった。20世紀で最悪の火山災害である。

　助かったのはたった2人だけといわれる。そのうちのひとりは刑務所の、石づくりの独房の中にいて奇跡的に難を逃れたが、全身に大やけどを負った。

　火砕サージの破壊力がよくわかるだろう。その下の火砕流の本体のほうは、火砕サージよりも濃い岩のなだれなので、ものをこわす力がさらに強いのである。

火山泥流ってどんなこと？

火山泥流とは、噴火によっておこる、水と火山灰などからなる、たいへんいきおいのある流れだ。火山灰や軽石が雨で流れくだったり、小さな火砕流（28ページ）がつもった雪をとかしたりしておこる。

火山泥流には、遠くはなれたところにも被害がでるという特徴がある。

火山泥流は、谷ぞいでは大きな津波のように流れてくる。「山津波」と呼ばれることもある。平地にくると広がって、いきおいはやや弱くなる。どちらにしても高いところに逃げる必要がある。

泥流にのまれる街 フィリピンのピナツボ火山は1991（平成3）年に、20世紀で最大級の噴火をおこした。噴火予知によって、ふもとの街から数万人が避難することに成功したが、火山泥流が40km以上はなれた街まで達して、7万戸をこえる建物が被害にあい、噴火の被害者の総数は120万人にものぼった。

被害ははるか遠くまで！

この写真は、北海道の十勝岳が1926（大正15）年に噴火したときの火山泥流の被害のようすである。巨大な火山泥流が流れくだり、日本における20世紀最大の火山災害となった。

火山泥流は、この写真が撮影された上富良野の街へと25kmも流れてきた。この距離をわずか25分で流れたのだ。火山泥流は街の多くを埋めてしまった（52ページも見よう）。

火山泥流がおこるしくみ

火山の斜面につもった火山灰や軽石が雨で流れくだる

- 桜島（140ページ）
- 雲仙岳（130ページ）
- ピナツボ火山（左のページ）

火砕流や土砂が川に流れこむ

- 浅間山（86ページ）

火砕流などが雪をとかし流れくだる

- 十勝岳（52ページ）
- ネバド・デル・ルイス火山（コロンビア、43ページ）

火山泥流がおこるしくみには、いくつかのパターンがあるが、流れくだる中で、たいへん濃厚な土砂と水の流れになることは同じだ。

泥流の中の土砂の割合は75％をこえることもある。この流れが岩をまきこみ、木々をなぎたおして、家々や橋などをこわしてしまうのだ。

火山泥流の被害については、十勝岳（52ページ）のところもぜひ読んでほしい。

林先生のここがポイント！
1秒でも早く、1mでも高く逃げよう

火山泥流は谷を流れくだりながら、土砂をまきこんでスピードと威力をましてゆく。そして谷からふもとの平地にでると、扇のように広がりながら、家や木をなぎたおす。大量の土砂が流れてくるので、田畑は深い土砂に埋もれてしまう。

もし万が一、泥流にあってしまったら、とにかく1秒でも早く、1mでも高く逃げることが大事だ。いざというときはコンクリートの建物の2階以上に避難しよう。泥流は津波と同じで、高い場所に逃げることが大事だ。

谷ぞいなら近くの山の上、平地の場合は山の上か、近くに山がなければコンクリートの建物に避難しよう。

山体崩壊ってどんなこと?

噴火などによって、火山の一部が大きくくずれ落ちてしまうのが山体崩壊だ。めったにおこることではないが、山体崩壊がおこってしまうと、広い範囲に大きな災害をひきおこす。

見た目からは想像できないけど、火山というのは、もともとくずれやすい山なんだ。

山そのものがくずれる!

左の2枚の写真は同じ火山の写真だ。上の写真は富士山のような形をしているが、下の写真は山がグイッと大きくえぐれている。

アメリカのセントヘレンズ火山は1980（昭和55）年に噴火を始めた。火山の中に入りこんできた、ねばり気の強いマグマにより、火山の斜面がもり上がってきた。

そして5月18日、マグニチュード5.1の小さな地震がきっかけとなって、山頂から山が大きくすべり落ちた。くずれたかたまりはこまかくくだけながら、すべり台をすべり落ちるようにふもとへと流れくだった。その速度は時速160kmから240kmもあったと考えられている。また、その直後にマグマがふき出す大噴火もおこった。

山体崩壊前のセントヘレンズ火山

山体崩壊後のセントヘレンズ火山

まん中の大きくへこんだところには、もともと山があったんだね。

日本の多くの火山で山体崩壊のあとが見つかる。ひとつの火山で数万年に一度くらいは山体崩壊が発生する。

山体崩壊がおこるしくみ

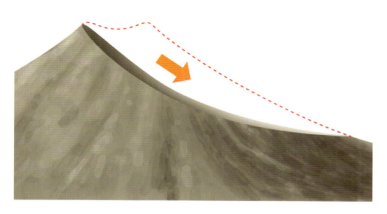

　火山はくずれやすい。溶岩のくだけた部分や、火山灰、軽石など、くずれやすい地層がたくさんある。それに火山ガスのはたらきで、岩石がもろくなっていることもある（36ページも見よう）。というわけで、爆発的な噴火や地震が引き金となって、その一部がくずれ落ちてしまうことがあるのだ。

　くずれた山のかたまりは、猛スピードですべり出し、こまかくくだけて岩のなだれとなり、ふもとの広い範囲に被害をひきおこす。

　また、この岩なだれが海に流れこむと、津波をひきおこす（132ページを見よう）。

くずれた火山のなかみ　磐梯山（76ページも見よう）は1888（明治21）年に山体崩壊をおこした。上の写真は、北側にある銅沼からのぞむ磐梯山の山体崩壊のあとだ。むき出しになった火山の中の地層をみることができる。

ふもとに山のかけらが

　岩なだれにおおわれた火山のふもとには、「流れ山」と呼ばれる小さな丘がたくさんできる。こまかな土砂が平らな土地をつくり、大きな火山のかけらがその上に突き出て小山をつくる。

　この写真は秋田県にかほ市の象潟のようすである。田んぼのところどころに小山があるのが見えるだろう。これは鳥海山（72ページ）がおよそ2500年前に山体崩壊をおこしたときの流れ山なのである。

山体崩壊でできた流れ山　田んぼに浮かぶ小島のように見えるのが、およそ2500年前におこった鳥海山の山体崩壊でできた流れ山である。

火山のかけらが、小島のような地形をつくっているんだね。

噴石・火山弾ってどんなもの？

火山の爆発によって、火口から大きな岩が飛び出してくることがある。もともとその火山にあった岩が、爆発の威力でふきとばされて飛んでくるものを**噴石**といい*、熱い溶岩のかけらやしずくが飛んできたものを**火山弾**という。噴石や火山弾はコンクリートの屋根を突きぬくこともあり、たいへん危険である。2014（平成26）年の御嶽山の噴火（94ページ）では、噴石によって多くの人が犠牲になったのだ。

阿蘇山の噴火ででた噴石 阿蘇山（124ページ）の中岳が1979（昭和54）年に噴火したときに、火口の中心から280mもはなれたところに飛んできた。たぶん50〜60tもの重さがある。人とくらべると、その巨大さがよくわかるだろう。

まだ熱い火山弾 アフリカ・コンゴのニアムラギラ火山が1986（昭和61）年に噴火したときの火山弾。表面は冷えて黒くなっているが、中身はまだ熱いのでまっ赤である。

建物を突きぬくことも

この写真は、有珠山（58ページ）の2000（平成12）年噴火の火口近くにあった洞爺湖幼稚園のようすである。噴石が鉄筋コンクリート製の天井を突きぬけている。このときの噴火では、火口からおよそ1kmはなれたところにまで噴石が飛んだが、幸いにも事前の避難が成功して、ひとりの犠牲者もでなかった。

御嶽山の2014年の噴火では、あまり大きな噴石はでなかったので、山小屋に逃げこんだ人は全員助かった。

*この「噴石」はじつは学術用語ではない。気象庁の火山情報にはこの言葉が登場するので、この本ではこのように定義して使うことにする。気象庁の定義とは少しちがう。

# 火山と地層

ふつう地層は、流れる水のはたらきで、砂や泥が川から海にはこばれ、海底にたまってできる。でも、火山による地層もあるのだ。火山灰や軽石がつもったり、溶岩流や火砕流が流れてくると地層ができる。

この地層は、雲仙岳のふもとの地層の標本だ。雲仙岳は、溶岩ドームができ、それがくずれて火砕流になるという噴火をくりかえしている。溶岩流や火山泥流もおこっている。地層をくわしく調べると、どのようなことがいつごろおこったかを突き止めることができるんだ。

こうした地層は、噴火の歴史を知るための、大事な手がかりなんだね。

1993年6月下旬からの火山泥流
1993年6月24日の火砕流
1993年6月23日午前の火砕流
1993年6月23日未明の火砕流
1991〜92年の火山灰
1991年9月15日の火砕流
噴火前の地面

▲ 火山による地層のできかた

噴火による地層のできかたには、いくつかのパターンがある。おもなものを紹介しよう。
① 溶岩流や火砕流が流れくだってたまる
② 噴火でふき上がった火山灰や軽石などが降りつもる
③ 山体崩壊の岩なだれなどが流れくだってたまる
④ 火山泥流が流れくだってたまる

はるか昔の、カルデラができるような超巨大な噴火では、火山灰が日本中に降りつもったこともあった。それはいまも地層でたしかめることができる。124ページの「阿蘇山」を見てね。

伊豆大島の地層大切断面 伊豆大島（114ページ）の噴火の火山灰などが積み重なってきた地層である。波打っているように見えるのは、デコボコのところに火山灰が降りつもったからだ。何度も噴火をくりかえしたため、シマシマのもようができた。

火山ガスに気をつけよう

25ページでも見たように、火山ガスとは、火口や噴気孔からでてくるガスのことだ。噴煙はこの火山ガスと火山灰などの物質がまじりあったものだ。

火山ガスは、火山が噴火していないときでもでてくる。箱根山の大涌谷（107ページ）や、下の写真の川原毛地獄などがその例である。

火山ガスはほとんどが水蒸気だが、有毒な二酸化硫黄、硫化水素などのガスもふくまれている。二酸化硫黄や硫化水素が0.05％ふくまれた空気をすいこむだけで死亡事故がおきる。くれぐれも注意してほしい。

阿蘇山の噴気 阿蘇山（124ページ）の中岳の火口からは、日常的に火山ガスがさかんにふき出している。

火山ガスは猛毒だ。だから次のページの注意事項を、よく読んでほしい。

火山ガスのでるところ

いつも火山ガスがふき出しているところを噴気地帯という。噴気地帯には、白くてもろい岩石があることが多い。火山ガスの影響で岩石が変質してしまったのだ。植物がほとんど生えない荒れ地となっているところも多い。

右の写真は、秋田県にある川原毛地獄という噴気地帯だ。熱い火山ガスや温泉がふき出している。

このように火山ガスは、地獄を思わせるような独特の景色をつくる。そのため信仰の対象になることが多い。草津白根山（111ページ）や、那須岳のふもとの殺生石（110ページ）のあたりも、火山ガスが活発にふき出しているところだ。

川原毛地獄 その独特の風景は、ゆざわジオパーク（秋田県湯沢市）の見どころのひとつとなっている。

火山ガス事故にあわないために

火山の中には登山客に人気の山もたくさんある。こうした山に登ることがあったら、こんなことに気をつけよう。

へんなにおいに注意！ 火山ガスはたいてい目に見えないが、二酸化硫黄、硫化水素などのガスをふくんでいるので、とてもへんなにおいがする。でも、火山ガスがこくなると、においを感じなくなるので注意が必要だ。

くぼ地など低いところに注意！ 二酸化硫黄、硫化水素といった有毒ガスがまじっている火山ガスは、たいてい空気より重いので、くぼ地や低地にたまりやすい。火山や温泉の噴気地帯のくぼ地などには入らないように。雪がとけてできた穴はとくに危険だ。また、立ち入り禁止になっているところには絶対に入らないこと。

風の弱い日に、噴気地帯を通るときは、とくに気をつけてね。

下調べをしておこう 自分が登ろうとする山に、噴気地帯があるかどうかを調べておこう。

林先生のここがポイント！
大量の火山ガスをだした三宅島

ここ最近で火山ガスが最も問題になったのは、2000（平成12）年の三宅島（116ページ）の噴火である。大量の火山ガスが長期間にわたってふき出し、もっとも多いときで1日あたり約5万トンもの二酸化硫黄ガスをだした。この火山ガスのため、およそ3800人の全島民が、4年5か月も島にもどることができなかった。

ガスマスクの使いかたを教わる人々 三宅島の2000年噴火の後、一時帰島する島民の人々にはガスマスクが配られた。

火山はめぐみもあたえてくれる

ここまで、さまざまな火山災害についてくわしくみてきた。だけど、火山は噴火するとおそろしいいっぽうで、わたしたちにたくさんのめぐみをあたえてくれているのだ。

火山は噴火すると、大あばれしてまわりのものをこわすけど、良いところもたくさんあるんだね。

人間にとって、火山のまわりは住みやすい環境なんだ。噴火のないときは、火山のめぐみを楽しもう。

肥沃な土壌

火山灰や軽石がくだけてできた土は、水はけがよいので、そうした土をこのむキャベツやダイコン、ネギをつくるのにむいている。また、火山灰にふくまれるリンなどの成分が、農作物の栄養になる。

豊かな地下水

火山の中はすき間だらけなので、まるで巨大なスポンジのように水をたくわえることができる。いったん降った雨をためこみ、ゆっくりはき出す天然のダムなのだ。こうしてたくわえられた地下水は、日照りのときでもかれることがない。一年を通じて温度もほとんどかわらない。

活火山ってどんな山？

日本の活火山の分布

▲は常時観測火山

噴火がひきおこすさまざまな災害をここまでみてきた。では、これから噴火がおこる可能性のある火山は、どの火山だろう？

気象庁は「おおむね過去1万年以内に噴火した火山および現在活発な噴気活動のある火山」を**活火山**と呼んでいる。北海道から沖縄県まで、あわせて110の火山が活火山に指定されている。

火山の活動の寿命はとても長いので、ここ1万年くらいで噴火したことのある火山は、今後ふたたび噴火をおこす可能性があるのだ。

「1万年以内」だなんて、ずいぶん長いように思えるけど……。

火山は数万年から数十万年、活動を続ける。火山にとっては、1万年が1年くらいの感じなんだ。

常時観測火山とは？

日本の110の活火山については、さまざまな方法で観測がおこなわれている（46ページを見よう）。その中でも活動が活発だとみられる富士山、鳥海山、阿蘇山、雲仙岳といった50の火山については、気象庁が24時間態勢で観測している。この50火山を「常時観測火山」といい、噴火のきざしをとらえて、的確に警報などを発表しなければならない重要な火山とされている。

50ページからの第2部では、この常時観測火山について、ひとつひとつの火山をくわしく説明するよ。

常時観測火山は、さまざまな観測機器を使って、24時間態勢で観測がおこなわれている（46ページも見よう）。

林先生のここがポイント！
火山の寿命はとにかく長い！

さきにお話ししたように、活火山に指定されるのは「おおむね過去1万年以内に噴火した火山および現在活発な噴気活動のある火山」である。そのなかには十和田（68ページ）のように、ここ1100年ほど噴火がみられない火山や、乗鞍岳（112ページ）のように、噴気は上がっているけれども歴史記録に残る噴火はない、という火山もある。どうしてそんな火山まで、将来の噴火を心配しなければいけないの？と思う人もいるだろう。

このことを理解するためには、こんなふうに考えてみるといい。火山にとっての1万年を、人間にとっての1年におきかえてみるのだ。

すると、10万年ほど前に誕生した富士山（98ページ）は、人間でいえば10歳くらい、まだ小学生くらいの若さということになる。鹿児島で噴煙を上げつづける桜島（140ページ）は2万9000年ほど前に生まれた火山だから、人間でいえば3歳になる前だ。幼稚園に入るか入らないかくらいの年齢である。秋田県と山形県にまたがる鳥海山（72ページ）は60万年ほど前から活動しているので、人間でいえば60歳の還暦というところだ。

日本の火山の寿命はだいたい数十万年くらいである。100年ぶりに噴火したとしても、火山の一生からみれば、3、4日休憩したくらいのことにすぎない。数千年ぶりの噴火などというのは、ごく当たり前のことなのである。

富士山は10万歳　　桜島は2万9000歳　　鳥海山は60万歳

噴火警戒レベルとハザードマップ

噴火警戒レベル

観測の結果にもとづいて気象庁が発表し、市町村や報道機関を通してわたしたちに伝えられる。気象庁のHPでも見ることができる。

種別	名称	対象範囲	レベルとキーワード	説明 火山活動の状況	説明 住民などの行動	説明 登山者・入山者への対応
特別警報	噴火警報（居住地域）または噴火警報	人の住む地域と、それより火口側の地域	レベル5 避難	人の住む地域に重大な被害をおよぼす噴火が発生している。もしくはそのような噴火がせまっている。	危険な市街地などからの避難などが必要（状況に応じて避難などの対象地域や方法などを判断する）。	
特別警報	噴火警報（居住地域）または噴火警報	人の住む地域と、それより火口側の地域	レベル4 避難準備	人の住む地域に重大な被害をおよぼす噴火がおこると予想される。もしくは可能性が高まってきている。	警戒が必要な市街地などでの避難の準備や、避難に配慮を要する方の避難などが必要（状況に応じて対象地域を判断する）。	
警報	噴火警報（火口周辺）または火口周辺警報	火口から人の住む地域の近くまで	レベル3 入山規制	人の住む地域の近くまで重大な影響をおよぼす（この範囲に入ったばあい、生命の危険がある）噴火が発生している。もしくは発生すると予想される。	ふつうの生活（今後の火山活動のうつりかわりに注意。入山規制）。状況に応じて、避難に配慮を要する方の避難準備など。	登山禁止・入山規制など、危険な地域への立ち入り規制をおこなう（状況に応じて規制範囲を判断する）。
警報	噴火警報（火口周辺）または火口周辺警報	火口のまわり	レベル2 火口周辺規制	火口のまわりに影響をおよぼす（この範囲に入ったばあい、生命の危険がある）噴火が発生している。もしくは発生すると予想される。	ふつうの生活。	火口のまわりへの立ち入り規制などをおこなう（状況に応じて火口のまわりの規制範囲を判断する）。
予報	噴火予報	火口の中など	レベル1 活火山であることに留意	火山活動は静かでおだやか。火山活動の状態によって、火口のなかで火山灰の噴出などがみられる（この範囲に入ったばあい、生命の危険がある）。	ふつうの生活。	特になし（状況に応じて火口の中への立ち入り規制などをおこなう）。

　火山活動の状態を5つのレベルに分けて気象庁が発表するのが「**噴火警戒レベル**」だ。レベル1の「火山活動は静かでおだやか」な状態から、レベル5の「人の住んでいる地域に被害がでる噴火がおこっているか、さしせまっている」状態までの5段階である。これに基づいて市町村は住民の避難などの手だてをとる。

　そして、噴火がせまったときに役だつのが「**ハザードマップ**」である。人々が安全に、スムーズに避難するために、噴火災害がおよぶと予測される範囲を地図でしめしたものだ。2017（平成29）年2月現在、日本では常時観測火山を中心に、39の火山についてハザードマップがつくられている。

御嶽山の2014（平成26）年噴火では、噴火警戒レベルが1のときに、レベル3にあたる噴火がおきた。口永良部島2015（平成27）年噴火では、噴火警戒レベルが3のときに、レベル5にあたる噴火がおきた。噴火予知は時としてはずれることもあるので、注意が必要だ。

*噴火警戒レベルの表の中の説明は、小・中学生にわかりやすいように、表現を一部、書きかえています。

ハザードマップ

ハザードとは災害、マップとは地図のことだ。過去の噴火の歴史や、最近の観測にもとづく火山活動の状況などをふまえ、たとえば火砕流や火山灰、噴石といった噴火災害が、どの範囲におよぶかという予測を地図でしめしている。また、避難場所や避難の方法などを記しているものもある。

じっさいの噴火がハザードマップ通りにおこるとはかぎらない。もっと広いところに被害がでるかもしれないし、もっとせまいところだけにしか被害がでないかもしれない。噴火の大きさによって被害がでる範囲がかわることを知っておくのが大事だね。

有珠山のハザードマップ　有珠山（58ページ）のふもとの壮瞥町など5市町村は、1995（平成7）年にハザードマップを作成して、町のすべての家々に配布した。火砕流や噴石、火山泥流などの被害がどの地域におよぶかの予測がしめされている。有珠山は2000（平成12）年に噴火をおこしたが、事前に警報がでたことに加え、このハザードマップがあったことで、1人の犠牲者もでなかった（＊写真は2002年に改訂されたもの）。

林先生のここがポイント！
ハザードマップを有効にいかそう

ハザードマップは、避難に使って初めて役にたつ。

ハザードマップがありながら、それをいかせなかった例を紹介しよう。コロンビアのネバド・デル・ルイス火山の1985（昭和60）年の噴火である。ネバド・デル・ルイス火山は、もともと火山泥流がおこりやすい山とみられており、泥流の被害を予測したハザードマップが関係する機関に配られていた。

しかし、このハザードマップは使われなかった。そのため、このときは泥流がハザードマップの予測どおり流れくだったにもかかわらず、避難できなかったおよそ2万5000人もの住民が犠牲になってしまったのだ。

◀ネバド・デル・ルイス火山の火山泥流。このときの火山泥流はおよそ50kmも流れくだり、写真に写っているアルメロの街のほとんどを破壊した。

●噴火警報・予報（気象庁）　http://www.jma.go.jp/jp/volcano/

もしも噴火にであったら？

　前ぶれなしに始まってしまう噴火に、登山中にであってしまう可能性はゼロではない。そのような噴火は水蒸気噴火である。噴石から身を守るために、すぐに「逃げる！　かくれる！」ことが大事だ。山小屋や岩のかげ、シェルターなどに逃げこんで、高速で飛んでくる岩からできるだけ身をかくそう！

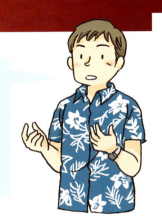

「パニクるな！」いざというときにあわてても、何の役にも立たない。「逃げろ！」と大きな声でさけびながら逃げよう。そうすると、まわりの人も逃げだすよ。

登山中に噴火にあったら？

逃げる！

場合によっては逃げる時間は数十秒しかない。すばやく、おちついて、かくれ場所をさがそう。噴火の写真をとっている時間はないよ。

かくれる！

山小屋や岩かげなど、できるだけ噴石から身を守れる場所をさがしてすばやく逃げこもう。シェルターがあればそれが最もよい。

登山客の避難のために、このようなシェルターが設置されている火山もあるよ。

浅間山（86ページ）の山頂近くのシェルター

登山の前にこんな準備をしよう！

登る山が火山かどうか調べる

気象庁「火山登山者向けの情報提供ページ」 むずかしいけれど、火山のようすを手軽に調べられるのがこのサイトだ。各地の火山や、その時点で噴火警戒レベル（42ページ）が発表されている火山などがわかる。その火山にハザードマップがあれば、あわせて見ておくとよい。

3点セットを準備する

火山に登るときには、この3点セットを持っていこう。

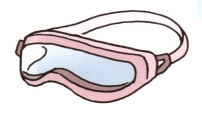

ヘルメット 小さめの噴石から頭を守る。ふつうの山の登山でも必要だ。

タオル 水でぬらしてマスクがわりに使う。火山灰をすいこまなくてすむし、火山ガスも少しはふせげる。

スキー用ゴーグル 火山灰から目を守る。

林先生のここがポイント！

噴火の大きさと災害の大きさ

　2014（平成26）年におこった御嶽山の噴火は、戦後最大の火山災害となった。水蒸気噴火によって噴石が飛びちり、多くの人が犠牲になったのだ（94ページも見よう）。

　噴火がおこったのは2014年9月27日。秋晴れの土曜日だった。休日ということで、山頂の火口付近におおぜいの人々がいたのだ。

　このいたましい災害をみて、せめて噴火のときに雨が降っていたら、とか、噴火が真夜中におこってくれていたら、と思わずにはいられない。なぜなら、この噴火は規模としては、決して大きなものではなかったからだ。しかし、予知（48ページを見よう）ができなかったことに加え、休日の行楽日和の昼間だったということが大災害につながってしまったのだ。

　火山は噴火する。小さな噴火でも、人がそばにいれば災害になる。

●火山登山者向けの情報提供ページ（気象庁） http://www.data.jma.go.jp/svd/vois/data/tokyo/STOCK/activity_info/map_0.html

噴火はどのように予知するの？

地震とちがって、火山の噴火はあるていどまでは予知できる。なぜなら火山は、噴火の数日前から数か月前に「前兆現象」と呼ばれる異変がおこり始めることが多いからだ。それは小さな地震や、ごくわずかな地面の形の変化といったことである。こうした噴火のきざしをとらえるために、活火山のまわりでは、さまざまな機器を使った観測が続けられている。

人工衛星

地殻変動をとらえる

噴火直前になると、地下深くのマグマだまりがふくらむ。すると、人間の目ではとらえられないほどわずかだが、地面がふくらんだり、火山の斜面の角度がかわったりする。この地殻変動をとらえるのに、かたむきを精密にはかる傾斜計や、人工衛星を利用して位置をはかるGNSS（全地球測位システム）、航空機によるレーザー計測などが使われている。

噴火の前には小さな地震がたくさんおこったり、地殻変動がおきたりするんだ。これを前兆というよ。

GNSS

伸縮計

地震計

地震をとらえる

マグマだまりからマグマが火道を上がってくると、火道の壁の岩石がこわれ、人間の体には感じない小さな地震が数多くおこる（火山性地震）。また、地下のマグマやガスが動くと、ごくわずかな振動がおこる（火山性微動）。このようなマグマの動きを調べるために地震計が使われる。

噴火予知が苦手なこと

活火山のまわりでは、さまざまな機器を使って、噴火のきざしをとらえようという努力が続けられている。ただ、いまの観測技術をもってしても、予知しにくい噴火はある。とりわけ**水蒸気噴火**は、動きのとらえにくい「熱水」によっておきる。きざしをとらえるのがむずかしいのだ。戦後最大の火山災害となった2014（平成26）年の御嶽山の噴火（94ページ）も水蒸気噴火だった。

口永良部島の噴火 2015（平成27）年、マグマ水蒸気噴火をおこして火砕流を発生させた。ギリギリのセーフで犠牲者はでなかったが、気象庁から警報がだされたのは噴火の8分後で、噴火の予知に課題を残した（145ページも見よう）。

マグマの動きがはっきりしていれば、前のページでみたような前兆現象をとらえやすい。だけど、マグマがあまり動かない噴火や、観測機器の少ない火山については、予知がむずかしいんだよ。

予知がしやすい噴火

●**大きな噴火**
大きな噴火では、あらかじめたくさんのマグマが移動するので、前ぶれも大きい。

●**観測機器がたくさん置いてある火山の噴火**
火口の近くにたくさんの観測機器が置いてある火山の噴火は、小さな前ぶれでもつかまえることができる。

予知がしにくい噴火

●**小さな噴火**
小さな水蒸気噴火は、前ぶれがとてもかすかで、予知しにくい。

●**噴火のうつりかわり**
噴火が始まるのは予知しやすいが、噴火がどのようにうつりかわっていくかを予想するのは、とてもむずかしい。

いまの科学技術でも、すべて予知ができるわけじゃないということを、知っておくことが大事なんだね。

気象庁などから警告があったら、まだだいじょうぶだと思わずに、自主的に警戒避難をしたほうがいい。「自分の命は自分で守る」ことが大事なんだ。

第 2 部
日本のおもな火山

おもな火山を調べよう

　この第2部では、41ページでお話しした常時観測火山の50火山を中心に、それぞれの火山の特徴や、くらしとのかかわりを、くわしく説明していく。自分のくらす地域にある火山や、ニュースにでてくる火山、それに自分の興味のある火山のことを、ぜひ調べてみてほしい。

それぞれの火山の噴火のしかたや災害はもちろん、人々にどのようなめぐみをもたらしているかについても説明するよ。

第2部のみかた

理科の学習にも、防災にも役だつことを説明しているよ。

地図　その火山のおおよその位置をしめしています。

火山の形　その火山の形をしめしています。

おもな現象　その火山がこれまでにおこったおもな噴火と、それにともなう現象をしめしています。

年表　それぞれの火山の誕生や噴火の歴史、おもな災害を紹介します。

データ　それぞれの火山の標高・おもな岩石などについてまとめています。

火山の特徴　それぞれの火山の噴火の特徴や、噴火がもたらした災害について説明しています。

火山とくらしとのかかわり　火山がもたらすめぐみや、その火山をおとずれたときの見どころなどを紹介します。

コラム　とくにユニークな見どころや、小・中学生のみなさんに楽しんでもらえそうなスポットなどを紹介します。

火山のことが楽しく学べるジオパークについても紹介するよ。

50

第2部でとり上げる火山

第2部で紹介する常時観測火山を▲、それ以外にとり上げる活火山を△であらわした。

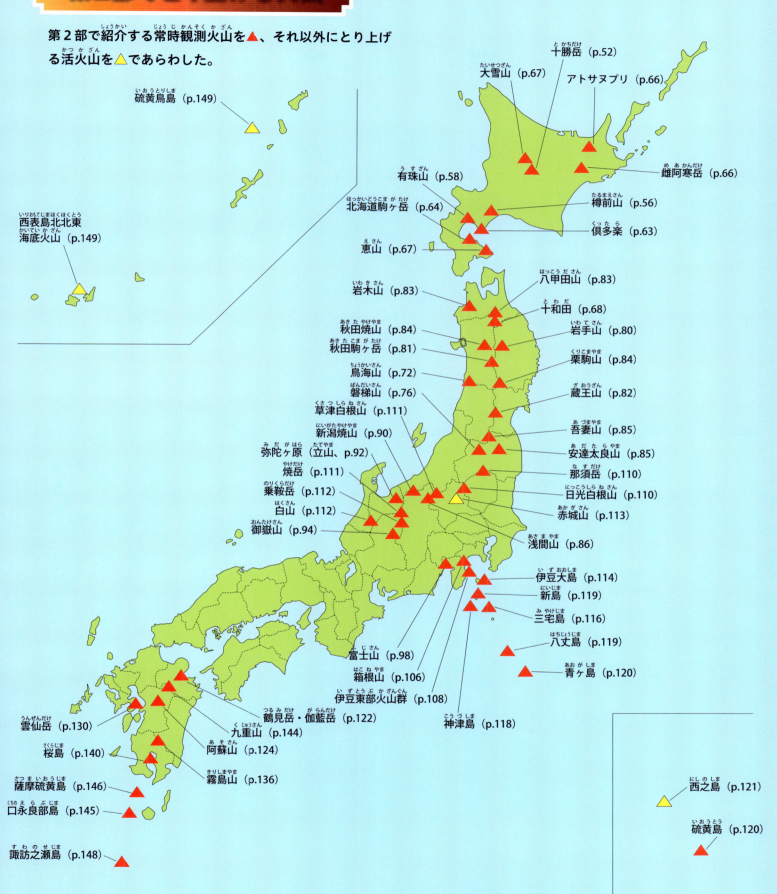

大災害をもたらした火山泥流

十勝岳（とかちだけ）

北海道

成層火山　スコリア丘　溶岩ドーム　火山泥流　火山弾　火砕流　火山灰・軽石　溶岩流

標高／2077m
おもな岩石／玄武岩・安山岩・デイサイト
ハザードマップ／○

　十勝岳は、北海道のほぼまん中にある、いくつもの火山の集まりだ。1926（大正15）年の噴火で火山泥流が発生し、多くの犠牲者をだしたことで広く知られている。

大正時代の火山泥流

　「ドドド、ドーン」。1926年5月24日の正午ごろ、北海道の上富良野のあたりの人々は、遠くで雷のなるような音を聞いた。同じ日の午後4時ころ、また雷のような音がした。「ゴーッ、ゴーッ」という大きな音が山から近づいてきた。

　まもなく谷の入り口に、まっ黒い山のようなものが見えた。猛スピードであらわれたその山は、火山泥流である。それに気づいた人々は「津波だっ！」「山に逃げよ」とさけびながら、近くの山にかけのぼった。

　谷から平地にでたとたん、小山のような火山泥流はたちまちくずれおち、平地に広がった。土砂の流れは家も馬も、そして人々もおし流した。泥流が流れたあとは、すべてが火山泥流の土砂に埋められ、街はいちめんの灰色の世界にかわってしまった。

　これは当時の災害記録と三浦綾子さんの小説『泥流地帯』をもとに、十勝岳の火山泥流がおきたときのようすを再現したものである。小説というと、つくりごとのように思われるかもしれないが、三浦さんは『泥

上富良野市街　十勝岳

おもなできごと

- 50万年前 — 火山活動が始まる。
- 20〜10万年前 — 山体がほぼ、かたちづくられる。
- 1926年 — 水蒸気噴火で火山泥流が発生。2つの村が泥流に埋まる。死者・行方不明者計144人。20世紀の日本で最大の火山災害に。
- 1962年 — 噴火。噴石で5人が犠牲に。けが人11人。
- 1988〜89年 — 噴火。火山灰が帯広市から網走市まで降り、小さな火砕流や泥流が発生。
- 2004年 — 小さな水蒸気噴火がおこる。

北海道

1926（大正15）年の噴火 地質学者の田中舘秀三博士が撮影した。

『流地帯』を書くにあたって、被災した方々にくわしくお話を聞いてまわった。その取材ノートと『泥流地帯』は、噴火と災害の貴重な資料なのである。

泥流はどのようにおこったか

では、このとき十勝岳で何がおこったか。現在、最も有力な説を紹介しよう。十勝岳はこの日の午後0時すぎと午後4時ごろの2回、水蒸気噴火をおこした。マグマの熱が地下水に伝わっておこる噴火だ。

2回目の噴火はより大きなもので、爆発によって450m×300mほどの火口ができ、熱い岩のなだれが発生した。山には5月でも雪が残っていた。岩なだれは雪をとかし、泥流となって川ぞいを一気に流れくだり、自動車なみのスピードでたちまちふもとに達し、上富良野の街をのみこんだ。この街は火口から25kmもはなれている。それが噴火からわずか25分ほどで泥流におそわれたのだ。

この泥流で144人もの方々が命をおとし、けが人はおよそ200人にのぼった。370棟以上の建物が被害を受け、およそ70頭の家畜も犠牲となった。日本で20世紀におきた最悪の火山災害となったのだ。さらに、畑につもった泥や岩石をとりのぞき、土を入れかえて復旧するには8年もの歳月がかかった。

泥流のようす 上富良野の街は泥流で洪水のようになった。

泥流で曲がった線路 泥流の威力をまざまざと伝える写真だ。

泥流から逃げるには

はじめにお話しした『泥流地帯』には「山津波」という言葉が何度もでてくる。この言葉は、火山泥流の

＊1926年の泥流については、別の原因でおこったという説もある。

十勝岳火山砂防情報センター
専用の避難路
白金温泉街
予測される泥流の流れ

十勝岳火山砂防情報センター
3D映像や模型をみて、火山のことを学べる。

火山泥流にそなえる

　十勝岳では大正時代の火山泥流をふくめ、この3500年ほどで、少なくとも11回の泥流がおきていたことがたしかめられている。噴火で泥流がおこりやすい火山なのだ。いっぽう、この山は街からはなれており、泥流さえおこらなければ、よほど大きな噴火がおこらないかぎり、大災害にはならないとみられる。

　十勝岳のふもとの上富良野町と美瑛町は、1985（昭和60）年に、コロンビアのネバド・デル・ルイス火山の噴火で泥流災害がおこったのをきっかけに、全国にさきがけてハザードマップをつくった。これは十勝岳が噴火した場合に、泥流などの被害が予測される範囲をしめした地図だ（43ページも見よう）。

　1992（平成4）年にオープンした十勝岳火山砂防情報センター（美瑛町）も、泥流に対するそなえのひとつだ。十勝岳や噴火について学ぶことのできる施設だが、いざというときには避難所になるのだ。

　左上の写真をよく見てほしい。センターはふもとの白金温泉街よりもかなり高いところにあり、専用の避難路で温泉街とつながっている。十勝岳から泥流が流れだってきた場合、温泉街の人々はこの避難路を通ってセンターへと避難できるのだ。ここには十勝岳のまわりに設置された監視カメラなどを集中管理する設備もあり、噴火のときには最前線の対策本部の役割もはたす。この建物の設計には火山学者もくわわった。

特徴をじつによく言いあらわしている。

　火山泥流は、火山灰などの土砂と水が濃厚にまじりあった流れである。火山泥流は、家々を流したり、橋をこわしてしまうこともある。まさに津波のようである。とくに谷の中を流れているときの火山泥流には大変ないきおいがある。平地にでるとそのいきおいも弱まるが、それでも人間にとっては大変危険である。

　万が一、火山泥流にであってしまったら、とにかく高いところに逃げなければならない。十勝岳の大正泥流のときには、上富良野村の村長が、村の小高いところにある上富良野駅や村役場に避難するよう、住民の方々をうながした。また、流されていく家の上で念仏をとなえ、家が丘にぶつかってこわれる寸前に、丘に飛びうつって助かった人がいる。念仏で心を落ちつかせ、高いところに飛びうつったことで、命をなくさずにすんだのだと思う。

　ただ、十勝岳には地震計などの観測装置がたくさんつけられている。火山泥流に突然おそわれる可能性は低いだろう。

●十勝岳火山砂防情報センター
http://www.as.hkd.mlit.go.jp/asriver/07tokachi/

泥流にそなえるダム 鉄のさくで、上流からの岩石や流木をくい止める。

また、泥流が流れくだるとみられる富良野川や美瑛川のとちゅうには、流木や岩をくい止めるため、左下の写真のようなダムなどがもうけられている。上富良野町では1990（平成2）年から毎年、町内の小学生とその親に、こうした泥流対策の施設を見学してもらい、泥流や防災について語り伝えている。

温泉となだらかな台地

十勝岳のまわりには白金温泉（美瑛町）や十勝岳温泉、吹上温泉（いずれも上富良野町）などがある。これらの温泉は十勝岳のマグマの熱のめぐみである。

中でも吹上温泉は噴火とのかかわりが強い。十勝岳が1962（昭和37）年に噴火した後、お湯の温度がどんどん下がり、入浴できないほどぬるくなってしまった。しかし、1989（昭和64）年に噴火がおこると、ふたたび温度が上がってにぎわうようになったのだ。

ところで、十勝岳火山という場合、それはひとつの峰だけをさすのではない。富良野岳・ホロカメトック山・十勝岳・美瑛岳など、いくつもつらなった火山をまとめて「十勝岳」と呼んでいる。これらの火山は、やはりいくつもの火山からなる大雪山（67ページ）へとつながっている。

十勝岳から大雪山へと続く山々のふもとには、広い台地がひろがっている。この台地は200万年前〜100万年前におこった超巨大な噴火によってできた。火砕流が流れ、大量の火山灰や軽石が、もともとあった山や谷のデコボコを埋め、なだらかな地形をかたちづくったのである。

この台地の上では、ジャガイモや小麦などがつくられている。火山灰の土は水はけがよく、ジャガイモなどの栽培にむいている。ラベンダーの畑も有名で、紫色にそまる丘を見に、おおぜいの人々がおとずれる。

吹上温泉の露天風呂 ドラマ「北の国から」にも登場した。

北海道

ラベンダーの畑 その美しい景色は観光名所となっている。

美瑛町のなだらかな台地 広々とした土地をいかして、さまざまな作物がつくられている。

なだらかだけど はげしい火山

樽前山（たるまえさん）
北海道

溶岩ドーム

標高／1041m
おもな岩石／安山岩・デイサイト
ハザードマップ／○

イワブクロ（タルマイソウ）。花は6〜8月が見ごろ。

およそ9000年ほど前に活動を始めた若い火山だ。人間にたとえると、生まれたての赤ちゃんくらいの若さである。なだらかなすそ野の広がる、おだやかそうな山ではあるが、じつは江戸時代から爆発的な噴火をくりかえしてきた火山なのだ。

江戸時代の大噴火

樽前山は江戸時代の1667年と1739年に爆発的な噴火をおこしている。

とくに1667年の噴火は、記録に残る日本の噴火の中でも特別に大きなもののひとつだった。上空に立ちのぼった噴煙は、風に乗って東へと流れ、大量のスコリア（黒い軽石）や火山灰を降らせた。この軽石や火山灰は、およそ20kmはなれた苫小牧でも1mほどの厚さにつもった。

さらに火砕流が流れくだり、ふもとをおそった。このときの噴火の音は、海をへだてた青森県の下北半島でも聞こえたという。

1739年の噴火も大きなものだった。8月16日に地震がおこりはじめ、その2日後に爆発的な噴火がおこった。このときも噴煙が上空高く立ちのぼり、大量の軽石や火山灰を降らせるとともに、火砕流が発生した。ふもとでは2〜3日のあいだ火山灰や軽石が降ったために、昼間も暗かったと伝えられている（軽石については65ページも見よう）。

これらの噴火は、噴煙が最も高く上がるタイプのプ

支笏湖
樽前山
支笏カルデラ（支笏湖）のへりにふき出した火山だ。
苫小牧市街

＊地元では「たるまいさん」と呼ばれている。かつては火山学者もそう呼んでいたが、いつのまにか名称がかわってしまった。

おもなできごと

9000年前	このころまでに火山活動が始まる。
1667年	爆発的な噴火。軽石が降り、火砕流が発生。
1739年	爆発的な噴火。軽石が降り、火砕流が発生。
1804〜17年	噴火。多数の犠牲者、けが人がでたとみられる。
1874年	噴火で火砕流が発生。火山灰が降る。
1909年	噴火で山頂に溶岩ドームができる。
1918〜55年	小さな水蒸気噴火をくりかえす。
1978〜81年	小さな水蒸気噴火がさかんにおこる。

リニー式噴火（13ページを見よう）だった。犠牲者の数はわかっていないが、どちらの噴火でも多くの死傷者がでたにちがいない。

山頂に溶岩ドームが出現

その後、樽前山は1874（明治7）年と1909（明治42）年にも大きな噴火をおこした。現在、山のてっぺんに見えるもり上がりは、1909年の噴火でできた溶岩ドームである。

噴火が3か月ほど続いていた1909年4月のなかばのこと。樽前山の山頂は2日ほどにわたって雲におおわれていた。その雲が晴れると、高さおよそ130mの溶岩ドームがあらわれていたという。ねばり気の強い溶岩が山頂の火口のなかにふき出し、流れずにそのままもり上がったのだ。

このプリンのような形の溶岩ドーム（18ページも見よう）は、樽前山のランドマークとなっており、北海道の天然記念物にも指定されている。ただし、この溶岩ドームのあたりではさかんに火山ガスがふき出しているため、一般の人が近づくことは禁じられている。

噴火がつくったなだらかな土地

たびかさなる大噴火によって、樽前山のふもとには軽石や火山灰がたまってできた、なだらかな土地が広がっている。

このなだらかな土地は現在、牧場などに利用されている。千歳市や恵庭市などでは肉牛や乳牛が飼育され、

1909（明治42）年の噴火のようす

乳しぼりなどの作業を体験できる牧場もある。北海道の空の玄関口である新千歳空港に近いことから、多くの観光客がおとずれる。また、競走馬のサラブレッドを育てている牧場もある。

樽前山に登山におとずれる人々も多い。登山客の目を楽しませているのが、イワブクロという高山植物の花だ。火山の岩場などに多く生える植物で、樽前山でよくみられることから「タルマイソウ」とも呼ばれている。

千歳市の牧場 農業体験のできる牧場が観光客に人気だ。

土地の変化と火山のめぐみ

有珠山
北海道

成層火山　溶岩ドーム　噴石　火山灰/軽石　火山泥流　山体崩壊　溶岩流　火山弾　火砕流

洞爺湖　昭和新山

標高／733m
おもな岩石／玄武岩・安山岩・デイサイト・流紋岩
ハザードマップ／○

有珠山の全景。成層火山や、昭和新山など、いくつもの溶岩ドームからなる。

　有珠山は2000（平成12）年の噴火をはじめ、ここ300年ほどのあいだに9回もの噴火をおこしている。すぐそばに人々のくらす市街地があるために、日本で最も注意すべき火山のひとつと言っていいだろう。いっぽうで、温泉や美しい景観といった火山のめぐみもゆたかである。火山のおそろしさとめぐみ、そして火山活動による土地の変化がよくわかる火山なのだ。

建物や道路をこわした噴火

　2000年3月31日午後1時7分。有珠山の上空を飛んでいた国の防災ヘリコプターが、西側のふもとから噴煙が上がっているのを確認した。噴煙はたちまち上空500mまで立ちのぼり、噴石が次々に落ちてきた。とうとう噴火が始まったのである。
　有珠山のあたりでは、この4日前から地震がひんぱんにおこっていた。これらの地震は噴火の前ぶれだとみられ、国や地元の市町の担当者、火山学者らが情報の収集や観測に走りまわっていた。2日後の29日には地震の回数が急にふえ、翌30日には山頂のあたりで、マグマがもぐりこんできているとみられる地割れが確認された。噴火はもはや時間の問題だと考えられていたのだ。
　火口から立ちのぼった噴煙は、風に流されながら上空3200mまで上昇した。洞爺湖温泉街の近くにも火口ができ、そこからの噴石が建物の屋根を突きやぶった（34ページも見よう）。
　地割れや断層が刻々と広がり、西側のふもとの土地は1日あたり数mももり上がった。ねばり気の強いマグマが地下に入りこんだのである。このため道路はずたずたになってしまった。
　4月9日には、熱い泥流が火口から湯気を上げながら流れ出し、2つの橋をおし流した。洞爺湖温泉街にあったアパートや図書館、小学校など、多くの建物も泥に埋まった。
　その後、噴火はしだいにおさまり、4月のなかばから住民らへの避難指示の解除が始まった。

おもなできごと

- 2〜1万年前 ● 火山活動が始まる。
- 8000〜7000年前 ● 山体崩壊で山の大部分が失われる。
- 1663年 ● 噴火。大量の火山灰で家々が埋まるなどの被害。犠牲者5人。
- 1822年 ● 噴火。火砕流がおこり、1村が全焼。犠牲者80人以上。
- 1853年 ● 噴火。軽石や火山灰が降り、火砕流がおこる。犠牲者1人。
- 1910年 ● 噴火で溶岩ドーム（明治新山）ができる。火山泥流で犠牲者1人。
- 1943〜45年 ● 噴火で溶岩ドーム（昭和新山）ができる。地殻変動や火山灰の被害。犠牲者1人。
- 1977〜78年 ● 噴火で火山灰や地殻変動の被害。土石流で犠牲者3人。
- 2000年 ● マグマ水蒸気噴火。地殻変動、火山灰、火山泥流の被害。建物の被害約850棟。

2000（平成12）年3月31日の噴火のようす

北海道

断層で階段のようになった道路　ねばり気の強い溶岩が地面をおし上げている*。

泥流と火山灰に埋もれた洞爺湖町の町営温泉

1万1000人が避難に成功！

　このようなはげしい噴火がおこったのに、犠牲者はひとりもでなかった。有珠山のまわりの3市町の約1万1000人もの住民が、噴火前に避難をすませていたのである。

　これは噴火の2日前に気象庁が、数日以内に噴火する可能性が高いという「緊急火山情報」を発表し、それを受けて市や町が避難指示をだしたからだった。噴火前に国から警報がだされたのは、日本の歴史でこれが初めてのことだった。

　それを強く後押ししたのが、有珠山を研究してきた岡田弘・北海道大学教授（当時）ら火山学者たちの意見だった。有珠山はこのときまでに、江戸時代から8回の噴火をおこしていた。どの噴火の前にも、地震や地殻変動がかならずおこっていた。いっぽうで、噴火がおこるとき以外には、このような現象はみられなかった。

　「有珠山はうそをつかない山」。警報がだされた背景には、火山学者たちのねばり強い研究にもとづく、このような意見があったのだ。

*地下にねばり気の強い溶岩が入りこんで、ふくらんだ地面を「潜在溶岩ドーム」と呼ぶ。『世界一おいしい火山の本』（小峰書店）もみてほしい。

避難する人々 噴火前日の3月30日に、バスに乗って避難所へと向かうようす。

昭和新山に登る小学生 壮瞥町の「子ども郷土史講座」では火山や防災について学ぶ。

有珠山に登った子どもが活躍

　それと、忘れてはならないのが、地元の市町のとりくみである。ふもとの壮瞥町では、この噴火の17年前から「子ども郷土史講座」がひらかれていた。町の小学生たちが有珠山や、あとでお話しする昭和新山に登ったり、火山学者のお話を聞いたりするもよおしだ。

　この講座を受けていた小学生2人が、2000年噴火のときには町役場の防災担当者になっていた。子どものころに学んだ知識をいかして、このときの噴火のさまざまな場面で活躍したのである。

　また、噴火した場合に危険が予測される範囲をしめしたハザードマップが、地元のすべての家々に配られていたことも大きかった。小学生向けの防災資料や、噴火した場合の学校の対応を記したマニュアルもつくられていた。こうした地元の人々の意識の高さもあって、避難がスムーズに進んだのである。

昭和新山を見まもった三松正夫さん

　有珠山でもうひとつお話ししたいのが、昭和新山の誕生を記録した三松正夫さん（1888〜1977年）のことである。

　1943（昭和18）年11月、洞爺湖温泉街のあたりで、さかんに地震がおこり始めた。「噴火がおこるのでは」。地元の郵便局長だった三松さんはそう感じた。

　三松さんは1910（明治43）年の有珠山の噴火で、この地をおとずれた火山学者の調査を手伝ったことがある。そのときに火山学の基本的な知識を身につけていた。さっそく電報を打って、この異変を学者たちに知らせたが、時は太平洋戦争のさなかで、学者たちが調査に来ることはできなかった。

　やむなく三松さんは自分で観測を始めた。地震はいっこうにやまず、こんどは田畑や道路、線路がもり上がり始めた。

　とりわけ東九万坪と呼ばれる場所の麦畑がはげしくもり上がり続けた。三松さんは郵便局の裏を観測地点と決め、水平にはった糸をものさしがわりにして、日に日にもり上がる麦畑のようすをえがいていった。

　そして、翌年の6月23日についに噴火が始まった。あたりは火山灰に埋まり、麦畑はもとの位置から

昭和新山を観測する三松正夫像

120mも高くなった。さらに、もり上がった地面を突きやぶり、溶岩ドームが顔をだした。「ついに正体を見た」と三松さんは思った。この溶岩がたびかさなる地震をひきおこし、あたりの土地に地割れをおこして、もり上げていたのである。

溶岩ドームはその後もせり上がり、1945（昭和20）年の9月に成長が止まった。地震がおこり始めてからわずか2年たらずで、麦畑は海抜407m（現在は398m）の山へと姿を変えたのだった。

世界がたたえた三松ダイヤグラム

新たにできた山は昭和新山と名づけられ、三松さんの記録はのちに、ノルウェーで開かれた万国火山会議に提出された。専門家たちはその精密さにおどろき、「三松ダイヤグラム（三松さんの図）」と名づけて、三松さんの努力をたたえた。なにしろ火山誕生の一部始終をとらえた、歴史上初めての記録だったのだ。

三松さんはその後、自分が持っていた山林を売りはらって、昭和新山を買いとった。世界でただひとりの火山のオーナーとなったのだ。それは畑と家を失った農民のくらしを助け、この貴重な山を保護したいという強い思いからだったという。

そして、1977（昭和52）年におきた有珠山の噴火を見とどけながら、89年の生涯を終えた。

昭和新山が誕生する前の麦畑

昭和新山が誕生したころのようす

もり上がった地面　　溶岩ドーム

MIMATU DIAGRAM

三松ダイヤグラム　太平洋戦争のさなかで、紙や鉛筆も十分に手に入らない中、三松さんは新山の誕生をけんめいに記録した。三松ダイヤグラムは現在、世界じゅうの火山学の本で紹介されている。

水平にはった糸

観測した日付

温泉と海の幸のめぐみ

　昭和新山は人気の観光スポットとなった。かつて麦畑だった場所に、いまでは多くの人々が火山見学にやってくる。

　有珠山の北側にある洞爺湖温泉街は、2000年の噴火で大きな被害を受けたが、いまはすっかりにぎわいを取りもどしている。この温泉は1910年の有珠山の噴火でわき出したものである。

　洞爺湖の美しい景色も見ものである。この湖はおよそ11万年前の巨大な噴火でできたカルデラに水がたまってできたものだ（128ページも見よう）。

　このあたりは洞爺湖有珠山ジオパークに認定されている。有珠山や昭和新山、そして2000年の噴火でもり上がった道路や、噴石でこわれた建物などをみて、噴火や災害について学ぶことができるのだ。

　また、有珠山の南西にある内浦湾では、おいしい海産物が豊富にとれる。有珠山が8000～7000年前に噴火で大きくくずれ（山体崩壊）、岩なだれが海へと流れこんだことで、海岸線の入りくんだ、ゆたかな漁場となったのだ。ホタテ貝の養殖や、マツカワというカレイの一種が有名である。

洞爺湖温泉街の温泉　洞爺湖をながめながら湯船につかることができる。

ホタテ貝の漁獲　内浦湾で1～2年かけて養殖する。

ホタテ貝

マツカワ

もっと知りたい！ 有珠山

　昭和新山のふもとには三松正夫記念館（壮瞥町）がある。「三松ダイヤグラム」をはじめ、三松さんに関する資料や世界の火山の資料がたくさん展示してある。走りぬけると5秒もかからない小さな博物館だが、ぼくはじっくりと何時間でも見ていられる。

　なお、この博物館の館長は三松三朗さんといい、正夫さんの息子さんである。正夫さんが買いとった昭和新山は三朗さんへと受けつがれた。つまり、三朗さんは現在、世界でただひとりの火山のオーナーなのである。

　それから、洞爺湖有珠山ジオパークでぜひ歩いてもらいたいのが、西山山麓火口散策路である。ここでは59ページの写真の断層になった道路など、2000年の噴火のときのさまざまな災害遺構をみることができる。事前に申しこめば、有珠山の噴火や防災にくわしい「火山マイスター」さんがガイドしてくれるだろう。

三松正夫記念館

ゆたかな温泉のめぐみ

倶多楽（くったら）
北海道

標高／377m
おもな岩石／玄武岩・安山岩・デイサイト・流紋岩
ハザードマップ／○

どのようにできた？ 美しい倶多楽湖や、あらあらしい地獄谷火口などが目をひく火山だ。8万年ほど前に活動が始まり、いったんは富士山のような形の成層火山ができた。その後、大きな噴火をくりかえして地下のマグマがぬけ、成層火山のまん中が落ちこんでカルデラができた。ここに水がたまったのが倶多楽湖である。さらに水蒸気噴火が何度もおこり、地獄谷や大湯沼などの火口がかたちづくられた。

噴火へのそなえ 地獄谷のそばには登別温泉がある。日本でもっとも人気のある温泉地のひとつだ。源泉のほとんどは地獄谷に集まっており、そこからお湯をひいているのだ。

こうしためぐみを受けるいっぽうで、地元では噴火へのそなえが話し合われている。登別温泉のホテルや旅館には、鉄筋コンクリートづくりの高い建物が多い。たとえば、こうした建物を、噴火がおきたときに逃げこむ場所にすることが検討されている。噴石が降ってきても、高くてじょうぶな建物なら、上のほうで噴石が食い止められる可能性がある。下のほうの階にいれば、助かる可能性が高くなるということだ。

おもなできごと

- 8万年前　火山活動が始まる。
- 4万年前　カルデラ（倶多楽湖）ができる。
- 8000年前　このころからおこった水蒸気噴火で、地獄谷や大湯沼などの火口ができる。
- 200年前　水蒸気噴火で火砕物が降る。

登別温泉の温泉街

火山がつくった美しい公園

北海道 駒ヶ岳

北海道

成層火山 / カルデラ / 山体崩壊 / 噴火津波 / 火山灰・軽石 / 火砕流 / 火山泥流 / 溶岩流 / 火山弾 / 噴石

標高／1131m
おもな岩石／安山岩
ハザードマップ／○

　函館の北およそ30kmのところにある火山で、江戸時代から現在まで活動期が続く元気な火山である。ふもとの大沼・小沼の美しい景色が有名で、紅葉の季節には多くの人々がおとずれる。

江戸時代の山体崩壊

　北海道駒ヶ岳は台形のような形をしている。じつはこの台形の上のほうには、かつて山頂があったのだ。もともとは富士山のような形の成層火山だったのである。それが江戸時代におこった噴火で大きくくずれ（山体崩壊）、いまのような形になったのだ。

　1640年7月31日のこと。駒ヶ岳からしきりに山鳴りが聞こえた。山がうなるような、はげしい音だった。そして山頂が2か所、大きくくずれた。はじめに南西の大沼国定公園のほうに向かって山がくずれ、次に東側に向かって山がくずれた。東側に向かった土砂は内浦湾に流れこみ、津波をひきおこした。これは噴火津波である（132ページも見よう）。津波は対岸におしよせ、700人をこえる人々が亡くなった。さらに軽石が降りそそぎ、火砕流も発生した。

　この噴火までは、駒ヶ岳はおだやかな状態が続いていた。およそ6000年ものあいだ、目だった活動がなかったのである。しかしこの噴火以来、1694年、1856年、そして1929（昭和4）年にくりかえし爆発的な噴火をおこした。長い休みをはさんで活動期に入ったのだ。この活動期は現在も続いているとみられる。

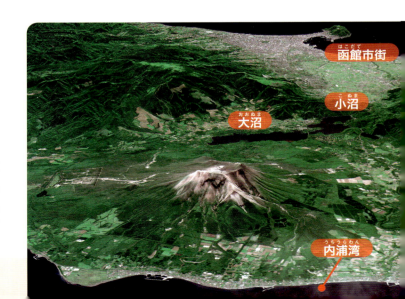

函館市街 / 小沼 / 大沼 / 内浦湾

おもなできごと

- 3万年前 — このころまでに火山活動が始まる。
- 6300年前 — 火砕物が降り、火砕流がおこる。
- 1640年 — 山体崩壊がおこり、岩なだれが内浦湾に流れこんで津波が発生。700人以上が犠牲に。岩なだれで川がせきとめられ、大沼などができる。
- 1694年 — 爆発的な噴火。軽石が降り、火砕流が発生。
- 1856年 — 爆発的な噴火。軽石が降り、火砕流が発生。30人近くが犠牲に。家屋17軒が焼失。
- 1929年 — 爆発的な噴火（昭和の大爆発）。軽石が降り、2人が犠牲に。1800戸以上の家屋に被害。130頭以上の牛馬が死ぬ。
- 2000年 — およそ2か月間、小さな水蒸気噴火が続く。

1929（昭和4）年の噴火のようす

軽石に埋まった鹿部町の家々

「昭和の大爆発」と軽石

　1929（昭和4）年の噴火は「昭和の大爆発」と呼ばれ、大量の軽石が降ったことで知られる。
　軽石というと、お風呂で体を洗うのに使っている人もいるだろう。そんな軽石のでる噴火がなぜ大ごとなのかを説明しよう。
　軽石にはたくさんの穴が開いている。10ページでもお話ししたように、マグマの中の火山ガスがよくあわだつと、爆発的な噴火をおこす。このマグマのしぶきが冷えてかたまったものが軽石である。したがって軽石は、爆発的噴火のあった証拠なのである。
　昭和の大爆発では、高々と上がった噴煙が上空14kmにも達し、そこから軽石が降りそそいだ。火口から10kmほどはなれた鹿部町の街は軽石でおおわれ、つもった厚さは1mをこえた。

全国初のハザードマップ

　このように大きな噴火をくりかえしてきた駒ヶ岳のふもとの人々は、全国で初めて火山災害のハザードマップ（43ページを見よう）をつくった。1977（昭和52）年の有珠山の噴火をきっかけに、森町など5つの町が話し合い、噴火の影響がおよぶ地域を予測した地図をつくって、すべての家々に配ったのだ。1983（昭和58）年のことである。

火山がつくった公園

　こんな駒ヶ岳だが、火山のめぐみもゆたかだ。まずは大沼・小沼である。沼のあちこちに小島が浮かぶ庭園のような風景は、1640年の山体崩壊でつくられた。岩なだれが川をせきとめて大沼・小沼ができ、さらに岩なだれの中の山のかけら（流れ山）が小島となった。この一帯は大沼国定公園となっており、多くの人々がおとずれる。
　まわりには鹿部温泉（鹿部町）や東大沼温泉、西大沼温泉（いずれも七飯町）などの温泉街もある。

大沼国定公園の紅葉

アトサヌプリ	中央火口丘	溶岩ドーム	火砕流	火山灰/軽石	溶岩流

雌阿寒岳	中央火口丘	成層火山	スコリア丘	火砕流	火山灰/軽石	火山泥流	溶岩流

アトサヌプリ（北海道）

熊落とし火口

硫黄と温泉
アトサヌプリは「硫黄山」とも呼ばれ、明治時代のはじめごろから、火薬などの原料となる硫黄が採掘されていた。この採掘は1963（昭和38）年まで続いた。硫黄はマグマや火山ガスにふくまれる成分だ。ふもとの川湯温泉（弟子屈町）でも、硫黄分をふくむお湯が豊富にわき出ている。

屈斜路カルデラ／屈斜路湖／摩周湖／アトサヌプリ

標高／508m
おもな岩石／安山岩・デイサイト・流紋岩
ハザードマップ／○

溶岩ドームの集まり
日本最大級のカルデラ、屈斜路カルデラのまん中にふき出した10個の溶岩ドームをまとめてアトサヌプリと呼ぶ。名前は北海道の先住民・アイヌの言葉で「裸の山」の意味。火山ガスがさかんにでているため、植物があまり生えていない。これらの溶岩ドームは1万5000年～1000年前にかたちづくられた。また、数百年前におきた水蒸気噴火で、「熊落とし」と呼ばれる火口ができたとみられる。

なお、アトサヌプリのある屈斜路カルデラは、34万年～3万年前の噴火でできた。

おもなできごと
- 34～3万年前　屈斜路カルデラがかたちづくられる。
- 1万5000～1000年前　溶岩ドーム群がかたちづくられる。
- 数百年前　水蒸気噴火で熊落とし火口ができる。

雌阿寒岳（北海道）

ポンマチネシリ／阿寒富士／中マチネシリ

ゆるやかにデコボコした山
アイヌ語では「マチネシリ（女の山）」と呼ばれる。この形は雌阿寒岳のなりたちと深くかかわっている。

雌阿寒岳は5万年前～1000年前に、中マチネシリ・ポンマチネシリ・阿寒富士の順にかたちづくられた。これはマグマの通り道である火道が移動したためとみられる。上の写真でいえば、火道が右から左に移動しながら、これらの火山を順にふき出したために、このような形になったのだ。

最近では、1955（昭和30）年～1966（昭和41）年に、小さな水蒸気噴火をくりかえした。

なお、雌阿寒岳は阿寒カルデラのなかにふき出した火山である。このカルデラは100万年～15万年前に、巨大な火砕流がくりかえしおこり、地下のマグマがぬけてできたものだ。

温泉
ふもとの雌阿寒温泉（足寄町）や阿寒湖畔温泉（釧路市）は、雌阿寒岳の登山の拠点ともなっている。

阿寒カルデラ／雌阿寒岳／雄阿寒岳／阿寒湖

標高／1499m
おもな岩石／玄武岩・安山岩・デイサイト
ハザードマップ／○

おもなできごと
- 5万年前　火山活動が始まる。
- 1000年前　このころまでに火山体がかたちづくられる。
- 1955～66年　小さな水蒸気噴火をくりかえす。
- 2006年　小さな水蒸気噴火。
- 2008年　小さな水蒸気噴火。

| 大雪山 | 成層火山 | 溶岩ドーム | カルデラ | 火砕流 | 山体崩壊 | 火山灰／軽石 | 溶岩流 |

| 恵山 | 溶岩ドーム | 火砕流 | 山体崩壊 | 火山泥流 | 火山灰／軽石 | 溶岩流 |

大雪山（北海道）

標高／2291m
おもな岩石／安山岩・デイサイト
ハザードマップ／―

北海道の屋根　北海道のほぼまん中に位置する、成層火山や溶岩ドーム、カルデラの集まった火山だ。2000m級の山々がつらなっていることから「北海道の屋根」ともいわれる。中でも標高2291mの旭岳は北海道の最高峰だ。

その活動は100万年ほど前に始まった。3万年ほど前におこった噴火では、火砕流で地下のマグマがふき出して、御鉢平と呼ばれるカルデラができた。また、厚くつもった火砕流が冷え、柱状節理と呼ばれる岩の柱をかたちづくった。

3000～2000年前には旭岳で水蒸気噴火がおこり、山の一部がくずれて地獄谷とよばれる火口ができた。その後も2回ほど水蒸気噴火がおきた。

ナキウサギ　大雪山には登山や紅葉を楽しむために、年間およそ30万人がおとずれる。運がよければ、かわいらしいナキウサギが見られるかもしれない。積み重なった溶岩のすき間からは夏場でも冷たい風がふき出しており、すずしい環境をこのむナキウサギには、すみやすい環境なのだ。

層雲峡でみられる柱状摂理

ナキウサギ

おもなできごと

およそ100万年前	火山活動が始まる。
3万年前	御鉢平カルデラができる。
3000～2000年前	水蒸気噴火で地獄谷火口ができる。
1739年よりも後	2回の水蒸気噴火。

恵山（北海道）

標高／618m
おもな岩石／安山岩
ハザードマップ／○

複雑なデコボコの火山　北海道の亀田半島の先端に突き出した、いくつもの溶岩ドームが恵山である。この複雑なデコボコは、爆発的な噴火がおこり、溶岩ドームがもり上がり、山体が崩壊するということがくりかえされてできた。

1846年には、水蒸気噴火でおこった火山泥流がふもとの村をおそい、多くの死傷者がでた。

最新の噴火は1874（明治7）年である。火山ガスや地下の熱水（15ページを見よう）の活動は現在でも活発で、水蒸気噴火や火山泥流などがおこる可能性がある。また、山が大きくくずれた場合は、津波がおこる可能性もある。

紅葉と温泉　恵山は紅葉の名所として、多くの観光客がおとずれる。また、ふもとには水無海浜温泉（函館市）がある。海の中に湯船があるというおもしろい温泉で、引き潮のときに入浴することができる。満ち潮になると海の中にしずんでしまう。

恵山の紅葉

水無海浜温泉

おもなできごと

5～4万年前	火山活動が始まる。
2500年前	このころまでに爆発的な噴火・溶岩ドームの形成・山体崩壊をくりかえす。
1846年	噴火で火山泥流がおこり、多数の犠牲者。
1874年	小噴火。火山灰がでる。

巨大噴火をおこした美しい湖
十和田（とわだ）
青森県・秋田県

カルデラ／成層火山／中央火口丘／溶岩ドーム／火砕流／火山泥流／火山灰・軽石／溶岩流

標高／1011m
おもな岩石／玄武岩・安山岩・デイサイト・流紋岩
ハザードマップ／ー

　十和田は、青森県と秋田県のさかい目にあるカルデラ湖で、ふつうは十和田湖と呼ばれる。春の新緑や、秋の紅葉で有名な観光地だ。そんな美しい湖だが、じつは平安時代に巨大な噴火をおこした火山なのである。

　ちなみに火山とは、第1部でもお話ししたように、かならずしももり上がった山だけをさすわけではない。十和田のように、へこんでいる火山もあるのだ。

巨大噴火でできたカルデラ湖

　十和田は20万年ほど前に誕生した若い火山で、5万5000年から1万5000年ほど前までに、3回の超巨大な噴火をおこしてカルデラがかたちづくられた。地下のマグマが大量にふき出して火砕流となり、マグマがぬけた分だけ地面が大きくへこんだのである。そこに水がたまったのが十和田湖である。

　これらの噴火ででた火砕流は、東北地方北部の広い範囲へと流れた。およそ40立方kmもの軽石や火山灰がふき出したのだ。

　40立方kmというのは、東京ドームおよそ3万杯分にあたる。これだけの体積の軽石や火山灰を、東京の山手線の内側に敷きつめたとしよう。すると600mほどの厚さになり、東京タワーも六本木ヒルズも埋もれてしまうのだ。いかにとほうもない量のマグマがふき出したのかがわかるだろう。

1万5000年前の火砕流の分布

平安時代の巨大噴火

　そして十和田は、日本史上最大の噴火をおこした。平安時代の915年8月のこと。十和田湖の南東部のあたりから噴煙が上がり、軽石が降った。その後、火砕流がおこって地上をはうように流れ、あたりを焼きつくした。

　さらに火砕流が川に流れこんで泥流をひきおこし、川ぞいに大洪水をもたらした。そこに住んでいた人たちには、大きな被害がでたにちがいない。

　この噴火のようすを語り伝えているとみられるのが「八郎太郎伝説」である。八郎太郎という若者と、南祖坊という男とが、おたがい龍に姿をかえ、稲妻を放ちあうなどしてたたかった。たたかいに敗れた八郎太郎は川ぞいに逃げ、そのとちゅうで川をせき止めて池をつくり、さらに日本海へと逃げる――という物語だ。

　たたかいのようすが噴煙を、そして川をせき止めながら下流に逃げたようすが、火砕流や泥流をあらわしているという説もある。

泥流が封じこめた遺跡

　ところで、この泥流が流れくだった秋田県の米代川ぞいで、土をのせてある家の屋根の跡が2015（平成27）年に見つかった。大館市の片貝家ノ下遺跡だ。

　平安時代の屋根がそのまま残っていることはたいへんめずらしい。家がすき間なく火山灰や軽石に埋まっ

おもなできごと

- 20万年前　●火山活動が始まる。
- 5万5000～1万5000年前　●3回の超巨大噴火がおこり、カルデラ（十和田湖）がかたちづくられる。
- 915年　●記録に残る日本の噴火の中で最大の噴火。軽石が降った後、火砕流が発生した。火山泥流はおよそ65km西の日本海まで流れくだった。

東北

たことで、まるでタイムカプセルのように今日まで保存されたのである。

　この屋根を調べることによって、平安時代の家のつくりや、火山泥流がどのくらいのいきおいで流れたかがわかるのではないかと期待されている。

美しい景観の観光地

　四季おりおりの美しさを見せる十和田湖は、東北地方を代表する観光地のひとつだ。とくに秋は、湖のまわりをいろどる紅葉を見に、多くの人々がやってくる。湖をわたる遊覧船や、湖畔のキャンプ場もにぎわっている。

　また、ヒメマスなどの魚を目あてにおとずれる釣り人も多い。十和田湖では明治時代から稚魚の放流が続けられ、魚が生息するようになったのだ。

　湖畔には十和田湖温泉郷（青森県十和田市）という温泉街もあり、観光客に人気がある。また、秋田県側には大湯温泉（鹿角市）がある。

片貝家ノ下遺跡で見つかった平安時代の家の屋根
- 屋根につもった軽石の層
- 火山泥流の層
- 平安時代の屋根の跡
- 火山泥流の層

十和田湖の紅葉　10月中旬から下旬が見ごろだ。

クローズアップ！ マグマがはこんだ宝物

火山のめぐみのなかで忘れてはならないのが、マグマのはたらきによって、金や銀、銅といった貴重な金属の鉱床がつくられることだ。とりわけ火山の国である日本は、豊富な鉱物資源にめぐまれてきたのだ。

▲ 鉱床ができるしくみ

地下深くの水がマグマの熱であたためられ、そこに金や銀などの成分がとけこむ。この熱水が上昇して、地下の浅いところにある岩石の割れ目にしみこんだり、海底からふき出したりする。こうしてできた金属をふくんだ鉱物が集まったものが鉱床だ。

> 地中にごくわずかずつ散らばっている金属が、マグマの熱と水のはたらきによって、濃縮されてたまるんだ。

金鉱石 金の鉱床から掘りとられた鉱石。粒状の金がよく見える。

▲ 佐渡金山の金

佐渡金山（新潟県佐渡市）はかつて金や銀を産出していた、日本の代表的な鉱山だ。およそ1500万年前から1300万年前のあいだに、マグマのはたらきで地下に鉱脈ができた。その鉱脈をふくむ佐渡島は、長い時間をかけてもり上がり、標高1000m以上の山地をもつ島へと成長した。

佐渡の鉱床は安土桃山時代の1601年に発見され、およそ400年にわたって採掘が続けられた。1989（平成元）年に閉山するまでに、78tの金と2330tの銀を産出した。

元文小判 江戸時代の中ごろから使われた小判。金山から掘りだした金を使い、佐渡でつくられたものだ。

道遊の割戸 江戸時代に金を掘っていた場所。金を掘りすすむうちに、山が真っ二つに割れたような姿になった。

江戸時代の採掘のようす 地下の坑道で手作業で採掘がおこなわれている（『佐渡金山図絵』部分）

▲ 尾去沢鉱山の銅

尾去沢鉱山（秋田県鹿角市）は銅や金を産出していた鉱山である。この鉱山の鉱床も、1000万年ほど前、マグマによって熱くなった水のはたらきによってできた。安土桃山時代末の1600年ごろから金が採掘されていたが、まもなく銅の採掘へとうつりかわった。1978（昭和53）年に閉山するまでに、およそ3000万tもの鉱石を産出した。

銅の鉱石を掘るようす 昭和時代には、このようにドリルを使って、地下の坑道から鉱石を掘り出した（写真は当時のようすを再現した模型）。

黄銅鉱 銅と鉄、硫黄がまじりあった鉱石だ。

自然の力ってすごいね。こんなものをつくり出すんだね。

▲ 小坂鉱山の黒鉱

小坂鉱山（秋田県小坂町）は、銅・鉛・亜鉛や金・銀などをふくんだ「黒鉱」と呼ばれる鉱石を産出していた。この鉱山の鉱床は、佐渡金山や尾去沢鉱山とはちがうできかたをしたとみられている。1500万年ほど前に、海底火山の噴火によって熱水がふき出し、そこにとけていた金属類が海底につもったと考えられている。その後、長い時間をかけて海底がもり上がり、陸地となったのだ。

明治時代には銀の生産量が日本一となり、黒鉱の採掘は1990（平成2）年まで続いていた。

1930年代の小坂鉱山のようす 煙突からもうもうと立ちのぼる煙から、当時の活気がうかがえる。

黒鉱 この中に金・銀・銅など、さまざまな金属がふくまれている。

小坂鉱山事務所 明治時代にできた建物。鉱山の働き手を集めるため、この事務所を中心に病院、芝居小屋などが次々に山の中につくられた。

大地をうるおす めぐみの山
鳥海山
秋田県・山形県

標高／2236m
おもな岩石／玄武岩・安山岩
ハザードマップ／○

　鳥海山は東北地方の日本海の海岸近くにある。秋田県と山形県にまたがる大きな火山で、平安時代と江戸時代に噴火活動をおこなった活火山でもある。標高2236mと東北日本でも有数の高い山だが、そのすそ野は日本海まで続いている。

　秋田県や山形県の広いところからその姿をながめることができ、地域のシンボルとして出羽富士と呼ばれている。また、鳥海山は豊富なわき水でふもとの住民をうるおす、めぐみの山でもある。

鳥海山の歴史

　鳥海山はおよそ60万年前から噴火を続けてきた。その間、火山は成長したり、くずれたりをくりかえしている。

　鳥海山は成長しているあいだは、おもに溶岩を流してきた。数多くの溶岩が積み重なって、現在の鳥海山ができあがっている。

　いまから2500年ほど前の紀元前466年。鳥海山は大きくくずれた（山体崩壊）。山頂はなくなり、後には大きくえぐれた崖が残った。この崖は上から見ると「U」の字の形をしている。この「U」の字は北に開いた形をしている。くずれた土砂はおよそ東京ドーム2500杯分。大量の土砂は北に向かって特急列車〜新幹線なみの高速で流れ、25kmはなれた秋田県にかほ市にまでやってきた。山がくずれてから5〜10分の短い間のできごとである。この大量の土砂は当時の日本海を埋めたて、新しい平らな土地をつくった。

　にかほ市民の多くは鳥海山のつくった土地の上でくらしている。したがって、この平地も火山のめぐみのひとつなのである。

　鳥海山がくずれてできた平地には、たくさんの小さな丘がある。平らな土地の中に、高さが数十mの小

おもなできごと

年代	できごと
60万年前	火山活動が始まる。
紀元前466年	山体崩壊がおこり、大量の土砂が海に流れこんで、現在の秋田県にかほ市あたりの平らな土地や象潟ができる。
871年	噴火で溶岩流が発生。火山泥流もおこる。
1800〜04年	水蒸気噴火に続いてブルカノ式噴火。いまの山頂の溶岩ドームができる。火山泥流もおこる。火山弾で登山者8人が犠牲に。
1804年	象潟地震がおこり、333人が犠牲に。土地がもり上がり、象潟が陸地になる。
1974年	小さな水蒸気噴火で火山泥流がおこる。

さな丘が点々とちらばっているようすは、火山のふもと特有の風景である。このような丘は「流れ山」と呼ばれている。磐梯山（76ページ）や島原半島（130ページ）などにも同じような地形がある。

このような平地の南のはしのほうに象潟という場所がある。ここにも「流れ山」がたくさんある。江戸時代まで、ここには小さな湖があった。小さな湖に小さなたくさんの島があるという魅力的な光景だったのだ。この風景に多くの文学者がひかれてやってきた。俳句で有名な芭蕉もそのひとりである。芭蕉はこの湖をながめ、船で島々をめぐり、俳句をよんだ。

しかし、芭蕉の見たこの湖も、その115年後の1804年にはなくなってしまった。地震で土地が2mほどもり上がり、湖の水がなくなってしまったのである。いまは水田の中に点々と当時の島が残っているのを見ることができる。春の田植えの季節には、田に水がはられて、昔の象潟を思わせる景色があらわれる。

平安時代の噴火

平安時代に朝廷が残した「日本三代実録」という記録がある。この中には鳥海山の871年の噴火のことについても書かれている。その中に奇妙な文章がある。「2匹の大蛇があって、その後にたくさんの子蛇がついてきた」と書かれているのだ。この蛇は「溶岩」と、この本の監修者の林は考えている。この文章とそっくりな溶岩があるからだ。大きな2本の溶岩と、その後からでてきたたくさんの小さな溶岩は、昔の人の書き残した「蛇」のようすとぴったりあっている。

江戸時代の噴火

1800年に始まった鳥海山の噴火は、1801年に最も活発化した。はじめは水蒸気噴火で噴石が飛びちっていたが、8月になりブルカノ式噴火（13ページを

東北

かつての象潟 湖にたくさんの小島が浮かぶ美しい光景だった。写真は当時のようすを再現したジオラマ。

鳥海山山頂の溶岩
「2匹の大蛇」とみられる溶岩
「小蛇」とみられる溶岩

芭蕉の像（秋田県にかほ市）
芭蕉は江戸時代の1689年に象潟をおとずれ、俳句をよんだ。

田植えのころの象潟　田に水がはられたようすは、かつての象潟を思わせる。

見よう）がおこり始めた（ブルカノ式噴火は最近の桜島でよくおこっている）。山頂の神社のようすを見にきた登山者8人が、火山弾にぶつかって亡くなっている。このとき、「岩と岩とのあいだにかくれ」て助かった登山者の話が古文書に書き残されている。

はげしい噴火の後、しばらく山頂が雲にかくされて見えない時期が続いた。その雲が晴れると、山の上には新しい山が出現していた。ねばり気の強いマグマによってできた溶岩ドームである。これが、いまの山頂となっている新山である。また、この噴火では火山泥流もおこり、にかほ市の水田を埋め、大石を下流まで流した。

火山のめぐみ、わき水

東北地方の日本海側は世界有数の豪雪地域だ。日本海をわたって湿り気をおびた冬の季節風は、鳥海山にぶつかることで大量の雪を降らせる。その多くは鳥海山の溶岩の中にしみこんでいく。溶岩はガサガサ割れた部分が多いので意外にスカスカで、まるでスポンジのようなものである。鳥海山にふくまれている大量の水は、少しづつふもとからわき出してくる。

その代表的なものが南西側の牛渡川と北側の獅子ヶ鼻湿原である。獅子ヶ鼻湿原は溶岩からわき出した酸性の水によりできた湿原である。たくさんの水がでてくるので、それらの水を集めて水力発電がおこなわれている。また、ここではめずらしいコケ類が発見されている。

南西の山形県遊佐町にある牛渡川の岸をつくる溶岩からは、夏も冬も11℃の水がわき続けている。その水が集まり川になっているのが牛渡川である。ここには秋になるとたくさんのサケがのぼってくる。

遊佐町にはわき水や地下水が豊富だ。この水はお酒づくりなどの産業にも使われている。遊佐町の水道水は、鳥海山の地下水を使っている。このためこの町の水道の水はとびきりおいしい。また、ある小学校では、中庭から水がでていて、そこにはイバラトミヨというめずらしい魚がすんでいる。

快適な高原

鳥海山は何度もくずれた。その土砂が山地にやってくると、デコボコな山や谷を埋め、標高が高くて平らな土地、つまり高原をつくった。北側の由利原高原や

獅子ヶ鼻湿原　溶岩からわき出した、たくさんの水が流れている。

牛渡川　わき水が集まってできた川。水中にあるのは水草のバイカモ。

仁賀保高原 標高およそ500mの高原だ。ここでは風力発電がおこなわれている。

仁賀保高原、南側の大台野（こちらは火砕流の高原）などである。高いところに平らな土地があるので、そこはとても見晴らしがいい。とくに春になると鳥海山の残雪が美しく見える。

このような土地は牧場に利用されている。その牧場でつくられた牛乳、ヨーグルトやアイスクリームがとてもおいしい。もちろん、夏はすずしくて快適だ。

また、このような土地には湿原が多く、気持ちのよいハイキングと自然観察ができる。

イヌワシ

南側の大台野の東の地域はとてもくずれやすく、地すべり地がたくさんある。じつはこのような土地はイヌワシ（国の天然記念物に指定されている）にとって、とてもくらしやすいところなのだ。くずれたところには、溶岩の急な崖ができるので、イヌワシが巣をつくることができる。また、地すべりや崖くずれで木がなくなり、開けた土地ができるので、イヌワシが狩りをしやすくなる。ここにはイヌワシのつがいがくらしている。

鳥海山のイヌワシ イヌワシは現在、全国に500羽ていどしか生息していないとみられ、絶滅が心配されている。鳥海山のイヌワシについては、大台野に近い鳥海イヌワシみらい館（山形県酒田市）にくわしい展示がある。

鳥海山のハザードマップ

鳥海山では、雪のある時期におこる火山泥流が最も心配されている。噴火の熱で雪がとかされ、土砂とともに、ふもとにいきおいよく流れてくるのだ。

鳥海山は何度も噴火したりくずれたりしているので、山頂の地形はとても複雑だ。少し噴火する場所がちがうだけで、火山泥流は北に流れたり、南に流れたりする。「いざ、噴火」というときは、どこで噴火したかを調べよう。自分の身を守るためにとても大事なことだ。もっとも、ここ数千年間では、ほとんどの噴火が山頂の新山のあたりでおこっている。ここで噴火した場合、火山泥流は秋田県にかほ市の方に向かうことになるので注意が必要だ。

もっと知りたい！鳥海山

鳥海山について知りたいなら象潟郷土資料館（秋田県にかほ市）がおすすめだ。ここには、まだ象潟に湖があったころの風景をえがいた「象潟図屏風」（右の写真）が展示されている。芭蕉の見た風景をみなさんも見てほしい。

紀元前466年の岩なだれでなぎたおされ、埋められた大昔の木も展示されている。2500年前の森をつくっていた木をみることができるのだ。とくに10mもある大きなケヤキの木を見ると、岩なだれのすごさがよくわかる。木の割れ目から発見されたアリの化石も見ておいてほしい。

また、鳥海山・飛島ジオパークのガイドさんに、野外のジオサイトを案内していただくと、鳥海山のすごさとそのめぐみがよくわかると思う。

噴火でできた宝の山

磐梯山（福島県）

成層火山　山体崩壊　火山灰／軽石　溶岩流　火砕流　火山泥流

北側からのぞむ磐梯山。手前に見えるのは桧原湖。湖の中に見える小島は、くずれた磐梯山のかけらである。

標高／1816m
おもな岩石／安山岩
ハザードマップ／○

「会津磐梯山は宝の山よ」という民謡がある。この歌詞は昔のことを歌ったものだが、いまの磐梯山も「宝の山」と言っていいだろう。ふもとの五色沼などの美しい景観にひかれて、たくさんの観光客がおとずれる。

1888（明治21）年の噴火が、明治時代以来の日本で最大の火山災害をもたらしたいっぽうで、山麓を魅力あふれる観光地にかえたのである。

明治以来最大の火山災害

磐梯山は南の猪苗代湖のあたりから見ると、「会津富士」とも呼ばれる、きれいな成層火山の姿をしている（右の地図を見よう）。いっぽうで、北の桧原湖のあたりから見ると、上の写真のようにまん中が大きくへこみ、あらあらしい断崖となっている。この巨大なへこみは、明治時代におこった山体崩壊という現象によってできた。

1888年7月15日のこと。磐梯山のあたりでは、午前7時ごろから「ゴーゴー」という音がひびいていた。雷の音のようなひびきだった。

7時半ごろ、大きな地震がおきた。地震はだんだん強くなり、15分ほどすると、こんどは噴火が始まった。たくさんの雷がいちどに落ちたような、すさまじい音

桧原湖　五色沼　秋元湖
山体崩壊でくずれたところ
猪苗代湖

がひびきわたり、黒い噴煙が空高く立ちのぼった。爆発は15回から20回も続き、そのたびに噴煙が上がった。

そして突然、磐梯山の中で2番目に高い小磐梯の山頂がくずれ落ちた。くずれた山のかけらは岩のなだれとなって、時速およそ80kmものスピードで斜面を流れくだった。これによって、北側のふもとにあった5つの村と11の集落が土砂に埋まってしまった。

さらに岩なだれが川に流れこんで火山泥流をひきおこした。はげしい爆風もふき、東側のふもとでは家々や木々がなぎたおされた。

噴煙は上空で傘のように広がり、そこから石や火山灰がたえまなく降りそそいだ。あたりは夜のように暗くなったという。

この噴火と山体崩壊によって、477人（461人ともいわれる）もの人々が命をおとし、463棟もの家や建物が被害を受けた。また、熱い火山灰によって、やけどを負った人々もいた。

山のかけらがふもとに

この災害のことを知った東京帝国大学（いまの東京大学）の教授らは、ただちに現地に向かった。教授らは、こわれた温泉宿に寝とまりしながら、くずれた磐梯山のようすをくわしく調べて報告した。

次のページの絵は、教授らがえがいた噴火口のようすである。山が大きくくずれ、ふもとが土砂に埋まっているようすがよくわかる。

土砂の中には小さな山々が見える。これは「流れ山」と呼ばれるもので、山そのものがくだけた巨大なかけらである。ばらばらになった山のかけらが、こまかな土砂の上に突き出て小山をつくったのだ。

なお、このときの磐梯山の噴火は小さな水蒸気噴火だった。マグマの熱が伝わったことによってできる熱水がひきおこす爆発である。（15ページも見よう）。この小さな水蒸気噴火がきっかけとなって、山が大きくくずれおちてしまったのだ。

おもなできごと

年代	できごと
70万年前	火山活動が始まる。
2万5000年前	このころまでマグマ噴火をくりかえす。
806年	水蒸気噴火で火山灰が降る。
1888年	水蒸気噴火で山体が崩壊。岩なだれがふもとをおそい、死者477人、家屋の被害463戸。明治時代以来の日本で最大の火山災害に。また、岩なだれで川がせきとめられ、桧原湖や五色沼ができる。
1938年	火山泥流がおこり、2人が犠牲に。
1954年	小さな岩なだれがおこる。

噴火直後のようす 噴火2日後の7月17日に、仙台からかけつけた写真師・遠藤陸郎さんによって撮影された。

岩なだれに埋まった北麓の村から磐梯山をのぞむ。

爆風で家々がこわされた東麓の村のようす。

山体崩壊のようすのスケッチ 現地調査におとずれた東京帝国大学の関谷清景教授らがえがいた。このスケッチとともに発表された論文によって、山体崩壊という現象が世界的に知られるようになった。

火山がつくった美しい湖沼

こんな大災害をひきおこした磐梯山だが、現在は年間250万人もの人々がおとずれる観光地となっている。噴火によって、人々をひきつける景色がかたちづくられたのだ。

山体崩壊でおこった岩なだれは川をせき止め、山の北側の裏磐梯と呼ばれる地域に、桧原湖や秋元湖などおよそ300もの湖沼をつくった。

とくに、五色沼と呼ばれる十数個の沼が有名だ。水の色が赤い赤沼、澄んだコバルトブルーが美しい青沼や毘沙門沼など、それぞれ水の色や景色に特徴がある。沼ごとに微妙に水質がちがうため、さまざまな色あいに見えるのだ。

こうした湖沼のまわりには遊歩道がもうけられ、散策を楽しむことができる。遊覧船やボートが浮かび、ウォータースポーツを楽しむ人々もやってくる。

また、噴火口にある銅沼からは、火山のなかみを見ることができる。左下の写真の奥のほうに見えるのは、磐梯山の山体崩壊でくずれた部分である。くずれたせいで、火山の中の地層がむき出しになっているのだ。

そして磐梯山そのものも、初心者でも登りやすい山として人気を集めている。また、山体崩壊でできた斜面はスキー場として利用されている。

火山泥流がはこんだ巨石

磐梯山のあたりは現在、磐梯山ジオパークとなっている。このジオパークの見どころをひとつ紹介しよう。右のページの写真の「見祢の大石」（猪苗代町）である。

さきにお話ししたように、明治時代の磐梯山の噴火では、火山泥流が火口から南にあふれ出してきた。見祢の大石は、その泥流によって、南東におよそ5km

銅沼と五色沼 秋の紅葉のシーズンや、春の新緑のころには、多くの観光客がおとずれる。

銅沼

青沼

毘沙門沼

弁天沼

みどろ沼

磐梯山のスキー場 山体崩壊でできた斜面を利用してつくられた。

秋元発電所 高低差を利用して、秋元湖の水をひき、電気をおこしている。

もはなれた場所まではこばれてきたのだ。

この大石は、高さ約3.1m、はば約8.2mもあり、百数十tの重さがあるとみられる。このような大きな石を動かすことのできる流れを想像してほしい。火山泥流のいきおいがよくわかるだろう。

噴火でできた湖を発電に

磐梯山の明治時代の噴火は、発電にも役に立っている。猪苗代町にある秋元発電所がそれである。磐梯山の北東にある秋元湖から水をひいて発電する水力発電所だ。

秋元湖は、山体崩壊でできた湖のひとつである。この湖と、ふもとの発電所との高低差をいかして、電気をおこしているのだ。この発電所は、およそ3万6000世帯分の電気をつくることができる。

見祢の大石 火山泥流によってはこばれてきた巨石。右側の家と大きさをくらべてみよう。

もっと知りたい！磐梯山

磐梯山ジオパークでは、じっさいに野山を歩いて、明治時代の噴火のあとなどをたどることができる。

この磐梯山ジオパークの拠点が磐梯山噴火記念館（北塩原村）である。山体崩壊の貴重な資料を中心に、磐梯山の歴史や、磐梯山のまわりの自然について学ぶことができる。大型映像を見て噴火を体感できるコーナーもある。

記念館をおとずれたら、ぜひ見てほしいのが、写真の火山灰がくっついた杉の枝である。これは磐梯山の南東側の猪苗代町で見つかったもので、木の箱に入れて保存されていたため、いまでも見ることができるのだ。明治時代の噴火のようすを想像することのできる貴重な資料である。

磐梯山噴火記念館

火山灰がくっついた杉の枝

● 磐梯山ジオパーク　http://bandaisan-geo.com/　● 磐梯山噴火記念館　http://www.bandaimuse.jp/

東北

啄木や賢治も愛した火山

岩手山
岩手県

 成層火山　 カルデラ　 中央火口丘　 スコリア丘　 火山灰/軽石　 山体崩壊　 溶岩流　 火砕流

東側から見た岩手山。なだらかな円すい形をしている。手前は焼走り溶岩流。

焼走り溶岩流／岩手山
空から見た焼走り溶岩流。

- 標高／2038m
- おもな岩石／玄武岩・安山岩・デイサイト
- ハザードマップ／○

岩手のシンボル　岩手山について、石川啄木は「ふるさとの山に向ひて言ふことなし　ふるさとの山はありがたきかな」という短歌をのこしている。また、宮沢賢治もこの山を題材に、詩や童話を書いている。

この火山は「南部富士」とも呼ばれる。東側から見ると、きれいな円すい形をしており、その姿が富士山に似ている。いっぽう、西側には深い谷があり、デコボコしたけわしい姿をしている。これは西側（西岩手山）のほうが古い時代にできたためで、長い時間のあいだに水の力でけずられ、深い谷がきざまれたのだ。

江戸時代の1732年の噴火では、山の中腹から大量の溶岩が流れ出し、「焼走り溶岩流」と呼ばれた。

岩なだれの上の農場　ふもとには小岩井農場がある。日本でも指折りの大きな農場だ。この農場は、12万年ほど前に西岩手山が山体崩壊をおこし、岩なだれがふもとのデコボコを埋めてできた、ところどころ小山のある、なだらかで広い土地の上にある。

おもなできごと

- 30万年前　西岩手山の火山活動が始まる。
- 19〜12万年前　何度も山体崩壊をくりかえし、ふもとになだらかな土地がかたちづくられる。
- 3万年前　現在の東岩手山の火山活動が始まる。
- 1732年　噴火で溶岩流が発生（焼走り溶岩流）。
- 1919年　西岩手山の大地獄谷火口で水蒸気噴火。
- 1997〜2003年　火山性地震がひんぱんにおこる。

小岩井農場　背後の岩手山の西側には、深い谷がきざまれている。

高山植物が咲きほこる
秋田駒ヶ岳（あきたこまがたけ）
秋田県・岩手県

成層火山　カルデラ　中央火口丘　スコリア丘　溶岩流　火山灰／軽石　火山弾　火砕流　噴石　山体崩壊

標高／1637m
おもな岩石／玄武岩・安山岩
ハザードマップ／○

コマクサ。花の形が馬（駒）の顔に似ているため、その名がついた。

東北

若い火山　およそ10万年前に生まれた若い火山である。活動が始まってからしばらくは、溶岩や火砕物をわりあいおだやかにふき出す噴火をくりかえしていた。山すそへとのびるなだらかな斜面は、こうした活動でかたちづくられたものだ。その後、1万3000年から1万1000年前にかけて大噴火をおこし、山頂に大きなへこみ（南部カルデラ）ができた。

最も最近の噴火は、1970～71（昭和45～46）年の噴火で、溶岩がおよそ530m先まで流れ出した。現在（2017年2月）のところ、この噴火が、本州の火山でマグマをふき出した最新の噴火である。また、火山弾が火口から500mほどの範囲に降った。

高山植物と温泉　秋田駒ヶ岳では、たくさんの高山植物がみられる。最も人気のあるのがコマクサである。ほかの植物が生えることのできないスコリア（黒い軽石）だらけの斜面に、とてもかわいらしい花を咲かせる。

ふもとには温泉も多く、とくに鶴の湯温泉は日本一有名な「秘湯」である。地元の猟師が、この温泉で傷をいやす鶴を見たことからその名がついたとされる。

おもなできごと

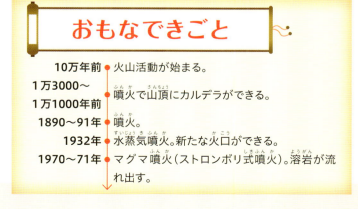

- 10万年前　火山活動が始まる。
- 1万3000～1万1000年前　噴火で山頂にカルデラができる。
- 1890～91年　噴火。
- 1932年　水蒸気噴火。新たな火口ができる。
- 1970～71年　マグマ噴火（ストロンボリ式噴火）。溶岩が流れ出す。

鶴の湯温泉（秋田県仙北市）
江戸時代の17世紀中ごろから湯治に使われてきた温泉だ。

エメラルドグリーンの火口湖

蔵王山（ざおうざん）
山形県・宮城県

成層火山　スコリア丘　火山泥流　火山ガス　火山灰/軽石　溶岩流　火山弾　噴石　火砕流

蔵王山の御釜。直径およそ400mの火口湖だ。

標高／1841m
おもな岩石／玄武岩・安山岩
ハザードマップ／○

生まれたての「御釜」　蔵王山のシンボルは、なんといっても「御釜」である。エメラルドグリーンの火口湖で、その形がご飯をたくお釜に似ているため、こう呼ばれる。この湖には魚はすんでいない。火山活動の影響で、水が酸性だからだ。

御釜は、いくつもの火山が集まっている蔵王山の中で、最も新しい火山だ。1000年ほど前から、くりかえしおきた水蒸気噴火でできたとみられる。

御釜では江戸〜明治時代に、ひんぱんに水蒸気噴火がおこった。また、2014（平成26）年には水の一部が白くにごり、湖面から蒸気が上がるなどの現象が観測されたため、気象庁が注意を呼びかけたが、幸いなことに噴火はまだおこっていない（2017年2月現在）。

観光の山　夏は御釜を見物しに、多くの人々がおとずれる。冬の名物は樹氷である。モンスターや恐竜のようなおもしろい形が、観光客の人気を集めている。スキー場も多く、蔵王温泉（山形市）、峩々温泉（宮城県川崎町）などの温泉もにぎわっている。

おもなできごと

- 100万年前　火山活動が始まる。
- 1000年前　水蒸気噴火で御釜がかたちづくられはじめる。
- 1867年　御釜で水蒸気噴火？　火山泥流が発生し、3人が犠牲に。
- 1939年　御釜の湖面から湯気が上がる。
- 1940年　御釜で小さな水蒸気噴火。
- 2014年　御釜の水の変色などが観測される。

樹氷　氷点下の寒さの中で、濃い霧が木の枝などに凍りついてできる。

岩木山

成層火山　溶岩ドーム　噴石　火山泥流　火山灰／軽石　溶岩流

岩木山（青森県）

標高／1625m
おもな岩石／安山岩
ハザードマップ／○

津軽平野のシンボル　すそ野の長い姿が富士山に似ているため、「津軽富士」とも呼ばれる。青森県出身の作家・太宰治は『津軽』という本の中で、左右のつりあいのとれた岩木山の美しい姿をたたえている。

　岩木山はたびかさなる噴火によってかたちづくられた。おそらくこの70万年間に山体崩壊がおこって、山が大きくくずれたり、軽石や溶岩がふき出して山を成長させたりした。

　江戸時代には小さな水蒸気噴火がくりかえしおこったが、ここ150年ほどはおだやかな状態が続いている。

リンゴと温泉

ふもとの弘前市は日本一のリンゴの産地だ。リンゴ園が広がっているのは、岩木山の岩なだれや土石流によってできた扇状地の上である。水はけのよい扇状地は、リンゴの栽培にむいているのだ。また、「嶽きみ」というトウモロコシもおいしい。

　岩木山のまわりには、標高450mの高原にある嶽温泉（弘前市）をはじめ、温泉も豊富にわき出ている。

ふもとのリンゴ園

嶽温泉

おもなできごと

- 70万年以上前？　火山活動が始まる。
- 70万年前？　山体崩壊がおこる。その後、大量の軽石や溶岩をふき出す噴火をくりかえす。
- 1600〜1863年　小さな水蒸気噴火をくりかえす。

八甲田山

成層火山　溶岩ドーム　カルデラ　火山ガス　火山灰／軽石　溶岩流

東北

八甲田山（青森県）

北八甲田火山群 / 南八甲田火山群

火山の集まり　上の写真をみて、どこが八甲田山？と思った人も多いだろう。それもそのはずである。八甲田山とは、あわせて20近い成層火山や溶岩ドーム、そしてカルデラをまとめて呼ぶ名前で、この写真全体が八甲田山なのだ。

　ここ6000年ほどのあいだの噴火は、すべて北八甲田火山群でおこっている。マグマ噴火と水蒸気噴火があった。

　ここ400年ほど噴火はないが、1997（平成9）年には、くぼ地にたまった火山ガスで3人の自衛隊員が命をおとした。2010（平成22）年にも山菜とりの中学生がガスの犠牲になった。

温泉のめぐみ

ふもとには酸ヶ湯温泉（青森市）がある。その名のとおり、火山活動の影響で強い酸性のお湯がわき出している。300年以上前の江戸時代にひらかれた温泉といわれ、湯治におとずれる多くの人々でにぎわってきた。

標高／1585m
おもな岩石／玄武岩・安山岩・デイサイト
ハザードマップ／○

酸ヶ湯温泉の千人風呂　およそ160畳もの広さの巨大な混浴のお風呂である。

おもなできごと

- 110万年前　南八甲田火山群が活動を始める。
- 40万年前　北八甲田火山群が活動を始める。
- 6000〜400年前　北八甲田火山群でマグマ噴火・水蒸気噴火あわせて少なくとも8回の噴火。
- 1997年　火山ガスで、訓練中の自衛隊員3人が犠牲に。
- 2010年　火山ガスで山菜とりの中学生1人が犠牲に。

| 秋田焼山 成層火山 溶岩ドーム 火山ガス 火山泥流 火山灰／軽石 溶岩流 火砕流 | 栗駒山 成層火山 溶岩ドーム 火山泥流 火山灰／軽石 溶岩流 |

秋田焼山（秋田県）

標高／1366m
おもな岩石／安山岩・デイサイト
ハザードマップ／○

火山ガスに注意 ブナの林や、ニッコウキスゲ（下の「栗駒山」の写真を見よう）の咲く湿地などが、登山客に人気の高い山だ。ただ、火山ガスには注意しよう。

上の写真の白っぽく見えるところには、火山ガスのふき出し口がある。ガスの影響で岩石がやわらかくなり、粘土のようになったのだ。立ち入り禁止の場所には決して入らないように。

ゆたかな温泉 ふもとの玉川温泉（仙北市）は、毎分9000ℓものお湯をふき出している。玉川温泉は火山ガスのふき出す噴気地帯にある。噴気地帯は温泉がわいていたり、めずらしい景色を見ることができたりする名所でもあるのだ。

また、後生掛温泉（鹿角市）は、火山の温泉の雰囲気をたっぷりと味わえる。温泉でゆでてつくった真っ黒な「黒たまご」もおいしいし、熱い泥がふき出す泥火山を散策する道もある。この温泉の近くには澄川地熱発電所（鹿角市）があり、マグマの熱を発電にいかしている。

玉川温泉 ひとつの源泉からわき出すお湯の量は日本一だ。岩盤浴を楽しむこともでき、多くの観光客がおとずれる。

おもなできごと

- 50万年前 ● 火山活動が始まる。
- 1948年 ● 水蒸気噴火で火山灰が降る。
- 1949年 ● 水蒸気噴火で火山灰。小さな火山泥流も発生。
- 1987年 ● 火山ガス事故で登山客1人が犠牲に。
- 1997年 ● 地すべりに続いて水蒸気噴火。ふもとの澄川温泉・赤川温泉が壊滅。

栗駒山（秋田県・岩手県・宮城県）

標高／1627m
おもな岩石／安山岩・デイサイト
ハザードマップ／—

昭和湖をつくった火山 登山道のとちゅうにある昭和湖で有名な火山だ。この湖は1944（昭和19）年の水蒸気噴火でできたといわれている。エメラルドグリーンの水をたたえた美しい姿が印象的だ。

栗駒山の火山活動が始まったのはおよそ50万年前で、人間でいえば50歳くらいの火山である。

この6000年ほどのあいだに4回ほど水蒸気噴火があったとみられる。マグマをふき出す大きな噴火については最近、研究がすすんでいる。

世界谷地 栗駒山のあたりは、栗駒山麓ジオパークになっている。このジオパークの見どころのひとつは「世界谷地」と呼ばれる湿原だ。栗駒山の宮城県側の中腹に広がる湿原で、ニッコウキスゲの咲きほこる美しい景色が見られる。

この湿原は枯れた植物などがつもってできたもので、栗駒山の火山活動と直接の関係はないが、十和田（68ページ）がおよそ1100年前に噴火したときの火山灰などもつもっており、東北地方の大地の歴史をたどることのできる貴重な場所だ。

昭和湖

世界谷地のニッコウキスゲ

おもなできごと

- 50万年前 ● 火山活動が始まる。
- 6000年前〜11世紀 ● 少なくとも2回の水蒸気噴火。
- 1744年 ● 水蒸気噴火で火山泥流が発生。
- 1944年 ● 水蒸気噴火。泥土が飛びちり、くぼ地ができる。のちに水がたまって昭和湖となる。

●栗駒山麓ジオパーク　http://www.kuriharacity.jp/index.cfm/9,0,132,html

| 安達太良山 | 成層火山 | 溶岩ドーム | 火砕流 | 噴石 | 火山ガス | 火山灰／軽石 | 溶岩流 | 吾妻山 | 成層火山 | スコリア丘 | 噴石 | 火山灰／軽石 | 溶岩流 |

安達太良山（福島県）

1900年の大災害 安達太良山は、東西12km、南北15kmほどの範囲をしめる、いくつもの火山の集まりだ。このまん中にあるのが、写真の沼の平と呼ばれる場所だ。最近1万年のあいだの噴火はすべて、この沼の平でおきている。

中でも1900（明治33）年におきた噴火は、日本で記録されたうち、水蒸気噴火による大きな災害となった。この噴火で74人もの方々が命をおとしたのである。このとき沼の平では、硫黄の採掘がおこなわれていた。その作業をしていた方々が被害にあったのだ。

1997（平成9）年には、沼の平にいた登山客4人が、火山ガスによって亡くなる事故もおこった。

「ほんとの空」の下の山 ふもとには岳温泉（二本松市）がある。歴史の古い温泉だ。

また、安達太良山は詩人・高村光太郎の「智恵子抄」にうたわれた。光太郎の妻・智恵子が、ふるさとの「ほんとの空」の下にある安達太良山をなつかしむくだりがよく知られている。

岳温泉と安達太良山

標高／1728m
おもな岩石／安山岩・玄武岩
ハザードマップ／○

おもなできごと

- 55万年前 ● このころ火山活動が始まる。
- 1900年 ● 沼の平で水蒸気噴火がおこり、火口の硫黄採掘所が全壊。死者74人、けが人8人。記録に残る水蒸気噴火の中でも大きな災害に。
- 1997年 ● 沼の平で火山ガス事故。4人が犠牲に。

吾妻山（福島県・山形県）

一切経山

標高／1949m
おもな岩石／安山岩・玄武岩・デイサイト
ハザードマップ／○

たびかさなる水蒸気噴火 福島県と山形県の県境につらなる成層火山やスコリア丘など、いくつもの火山の集まりだ。150万年ほど前に誕生した古い火山群で、写真の一切経山のあたりは30万年ほど前から活動を続けている。

記録に残る噴火はすべて、一切経山の山腹からふもとのあたりでおきている。ここ300年ほどは水蒸気噴火がくりかえしおこっており、中でも1893（明治26）年5月の水蒸気噴火では、噴煙が上空2kmまで上がり、岩石が砲弾のように降りそそいだ。同じ年の6月には、噴火の調査に来ていた国の技師2人が水蒸気噴火にあい、噴石に当たって命をおとした。

観光の山 吾妻山は東北地方でも指折りの観光の山だ。山々の山頂近くまで道路が通っており、紅葉やスキーの時期には多くの観光客がおとずれる。

温泉も多く、ふもとには高湯温泉や信夫温泉、微温湯温泉や土湯温泉（いずれも福島市）などがある。

吾妻山の紅葉

土湯温泉の足湯

おもなできごと

- 150万年前 ● 火山活動が始まる。
- 30万年前 ● このころまでに一切経山がかたちづくられる。
- 1893年 ● 一切経山のあたりでひんぱんな水蒸気噴火。火口近くにいた国の技師2人が犠牲に。
- 1977年 ● 水蒸気噴火で火砕物が降る。酸性の泥水がふき出し、近くの養魚場の魚が死ぬ。

東北

大災害となった江戸時代の噴火

浅間山
長野県・群馬県

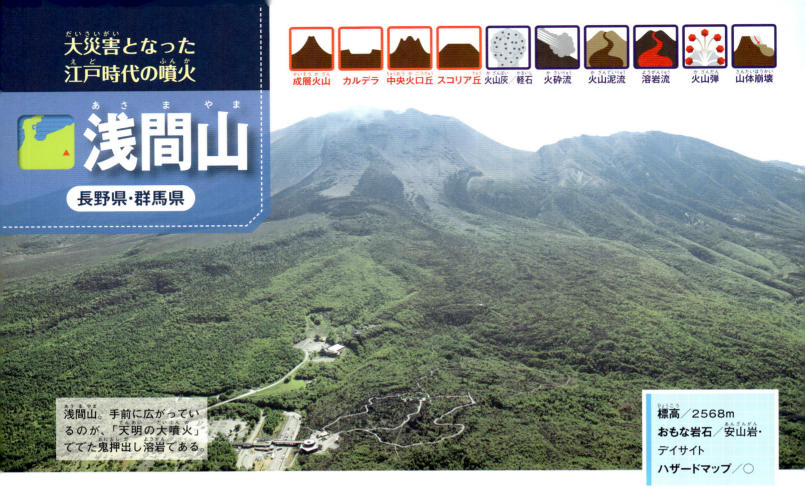

浅間山。手前に広がっているのが、「天明の大噴火」ででた鬼押出し溶岩である。

標高／2568m
おもな岩石／安山岩・デイサイト
ハザードマップ／○

浅間山は江戸時代に大きな噴火をおこし、歴史に残る大災害をひきおこした火山である。いっぽうで、噴煙をたなびかせるその姿は人々に親しまれてきた。キャベツ畑の広がるすそ野の高原も、浅間山の噴火でかたちづくられたものである。

天明の大噴火

浅間山の噴火で広く知られているのは、江戸時代におこった「天明の大噴火」だ。

1783年5月9日。浅間山は6年ぶりの噴火を始めた。噴火は3か月後にピークをむかえ、8月2日夜から3日の夜明けにかけて、高々と上がった噴煙柱から、大量の軽石が降ってきた。

その1日後には火砕流（吾妻火砕流）が発生した。8月5日の午前中、岩なだれと火砕流が入りまじったような特殊な火砕流（鎌原火砕流）が発生した。この火砕流は、あらゆるものを破壊しながら、猛スピードでふもとへ流れくだり、浅間山から13kmもはなれた鎌原村をあっというまに埋めつくした。

この流れは吾妻川に入りこんで泥流となり、さらに利根川へも流れこんで下流に洪水をひきおこした。また、数十mもの厚さの溶岩がゆっくりと流れ出した。

この火砕流と、この噴火で流れ出した鬼押出し溶岩には謎が多く、いまでも研究が続けられている。

この噴火で1624人もの人々が犠牲になり、被害にあった建物は1200軒をこえた。とくに火砕流におそわれた鎌原村（いまの群馬県嬬恋村鎌原）では、村の人口の8割にあたる466人もの人々が命をおとした。

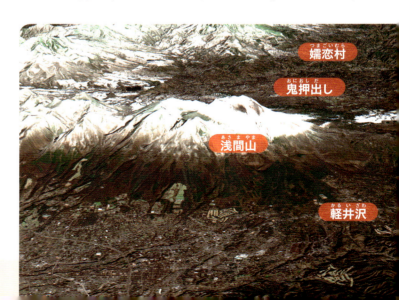

86

鬼押出し 溶岩におおわれた独特の風景だ。

天明の大噴火 大噴火のようすをいまに伝える絵図だ（美斉津洋夫氏蔵）。

観光地となった鬼押出し

　天明の大噴火でふき出した大量の溶岩は、「鬼押出し」と呼ばれるようになった。

　ここには現在、遊歩道がもうけられ、人気の観光スポットとなっている。ごつごつとしたブロック状溶岩（27ページを見よう）におおわれた独特の風景が、おとずれた人々の目をひきつける。噴火で犠牲になった人々をとむらうためのお堂もたてられている。

　また、ここは噴火や溶岩の性質を学ぶことのできる場所として、2016（平成28）年にできた浅間山北麓ジオパークのジオサイト（ジオパークの見どころ）のひとつとなっている。近くには嬬恋郷土資料館（嬬恋村）もあり、火砕流の被害にあった鎌原村から発掘された、当時のくらしの道具などを見ることができる。

キャベツ畑と浅間山

ふもとに広がるキャベツ畑

　浅間山のふもとの高原には、広大なキャベツ畑が広がっている。とくに北側の嬬恋村は、日本一のキャベツの産地として知られている。

　キャベツ畑のあたりの土地は、溶岩などによってかたちづくられた標高800〜1400mの高原だ。水はけのよい火山の土にくわえ、標高が高くてすずしく、昼と夜の気温の差が大きいので、キャベツを育てるのにとてもよい環境なのだ。

　また、山の南側のふもとには温泉がある。星野温泉、塩壺温泉、千ヶ滝温泉（いずれも長野県軽井沢町）などである。これも浅間山のめぐみである。

おもなできごと

- 5万年前 — このころから火山活動が始まる。
- 4世紀 — 噴火で軽石が降り、火砕流、溶岩流が発生。
- 1108年 — 噴火で軽石が降り、火砕流、溶岩流が発生。
- 1783年 — 噴火で軽石が降り、火砕流、岩なだれ、泥流が発生。溶岩流（鬼押出し溶岩流）もおこる。犠牲者1624人、家屋1200軒以上が被害（天明の大噴火）。
- 1911年 — 噴火で多数の犠牲者がでる。
- 2004年 — 噴火で火山灰が降る。
- 2015年 — ごく小さな噴火。

●浅間山北麓ジオパーク　https://mtasama.com/

クローズアップ！ 溶岩のおもしろい形

前のページでみた浅間山の鬼押出しのほかにも、溶岩がつくっためずらしい風景が世界の各地にある。まるで火山がつくったアートのような、溶岩のおもしろい形をみてみよう。

▲ 久米島町・奥武島の畳石

久米島近くの奥武島（沖縄県）にある。六角形をした石が、まるで人がつくったように規則正しくつらなっている。この石は数百万年前の噴火でできた。地層の中に入りこんだマグマがゆっくり冷えかたまりながらちぢんで、割れ目ができ、たくさんの六角形の岩の柱になった。これを柱状節理という。

引き潮のときに海から顔をだすタイミングをねらって、観光客が見物におとずれる。

▲ 玄武洞の柱状節理

玄武洞（兵庫県豊岡市）という洞くつでみられるもので、これも柱状節理だ。およそ180万年前の噴火ででた溶岩が冷えながらちぢんだもので、細い石の柱がびっしりとつらなるようすから、「材木岩」とも呼ばれている。山陰海岸ジオパークの見どころのひとつとなっている。

玄武洞の「玄さん」

玄武洞の柱状節理の断面の形にちなんだ、六角形の顔をしたキャラクター。ごつい顔をしているけれど、ゆるキャラなのがおもしろい。いっしょに写っているのはぼく。

▲ 伊豆大島の縄状溶岩

江戸時代の1777〜78年に伊豆大島（東京都、114ページ）が噴火したときの溶岩がかたまったものだ。縄のように見えることから「縄状溶岩」と呼ばれ、伊豆大島ジオパークの見どころのひとつとなっている。

このおもしろい模様は、かたまりかけた溶岩の表面にしわがよってできる。伊豆大島の溶岩と同じようにさらさらした溶岩は、アメリカ・ハワイの火山にもあり、「パホイホイ溶岩」と呼ばれる（26ページも見よう）。

▲ ハワイの溶岩トンネル

溶岩トンネルは、ねばり気の弱い溶岩が流れるときにできる。流れ出した溶岩は、表面がかたまったように見えても、まだ中はドロドロにとけていることがある。とけた部分だけ流れ出すと、溶岩の中にトンネルができあがるのだ。

写真はアメリカ・ハワイ島のキラウエア火山の溶岩トンネルで、多くの人がおとずれる。また、富士山（98ページ）の青木ヶ原樹海には、西湖蝙蝠穴、富岳風穴、鳴沢氷穴など、中を観察できる溶岩トンネルがたくさんある。

▲ モンプレー火山のスパイン

1902（明治35）年に、西インド諸島のモンプレー火山（28ページも見よう）が噴火したときにできたものだ。ねばり気のたいへん強い溶岩が、ゆっくりとおし上げられて、塔のように突き上がった。このような溶岩の形をスパイン（火山岩尖）と呼ぶ。

これを当時の人々は「プレーの塔」と呼んだ。高さ約300m、直径100〜150mにまで成長したが、その後にくずれてしまった。

●山陰海岸ジオパーク　http://sanin-geo.jp/

日本一若い活火山

新潟焼山

新潟県・長野県

標高／2400m
おもな岩石／安山岩・デイサイト
ハザードマップ／○

　新潟県の西のほうにある火山だ。およそ3000年前に誕生した、日本一若い火山である。過去に何度も火砕流を発生させた火山であり、その活動が注目されている。

若くて活発な火山

　新潟焼山はおよそ3000年前の噴火で誕生した。火山灰がふき出し、火砕流もおこったとみられる。それ以来、しばしば火砕流をともなう、はげしい噴火をくりかえしてきた。

　鎌倉時代あるいは平安時代に大噴火をおこし、火砕流が、上の写真に見える早川ぞいに流れて日本海まで達した。さらに、約200mもの厚さの溶岩流が、谷間を埋めながら流れくだった。この溶岩流のあとが、次のページの上の写真の台地である。

室町時代ころの噴火でも火砕流がおこった。また、ねばり気の強い溶岩がもり上がり、溶岩ドームとなった。これがいまの山頂である。江戸時代の1773年の噴火でも火砕流が発生した。

　これらの噴火でどれほどの犠牲者がでたかはわかっていないが、大きな被害がでたにちがいない。

火山泥流にそなえる

　新潟焼山は1773年の噴火を最後に、ここ240年ほどはマグマをふき出す大きな噴火（マグマ噴火）をしていない。ただ、1949（昭和24）年には水蒸気噴火がおこり、雨で火山泥流が発生した。1974（昭和49）年の水蒸気噴火でも火山泥流がおこり、下流の田畑に被害がでた。なお、このときには山頂でキャンプ中の大学生3人が噴石の犠牲となり、その後1981

溶岩ドーム
火砕流がたまっているところ
火打山川
溶岩流でできた台地
焼山川

おもなできごと

3000年前	火山活動が始まる。
鎌倉時代あるいは平安時代	大きな噴火。火砕流が日本海に達し、大量の溶岩が流れくだる。
14、15世紀	噴火で火砕流がおこる。いまの山頂である溶岩ドームができる。
1773年	噴火で火砕流がおこる。
1949年	水蒸気噴火で火山灰。火山泥流が発生。
1974年	水蒸気噴火で火山泥流が発生。噴石でキャンプ中の3人が犠牲に。
2016年	ごく小さな水蒸気噴火。

（昭和56）年まで、新潟焼山は入山禁止となった。

こうした火山泥流の被害を少なくするために、焼山の中腹を流れる火打山川や焼山川には、写真のようなダムがいくつももうけられている。また、雪の多いこの地域では、冬から春にかけて焼山が噴火したばあいに、雪がとけておこる火山泥流（融雪型火山泥流）が早川を流れくだることも心配されている。このため、新潟焼山のハザードマップには、2015（平成27）年から、融雪型火山泥流の被害の予測がもりこまれた。

ジオパークと温泉

新潟焼山のある糸魚川市は、糸魚川ジオパークに認定されており、焼山もジオサイト（ジオパークの見どころ）になっている。焼山ジオサイトでおもしろいのは、ふもとの早川の川原にあるブナの立ち木だ。ここで焼山ができたときのようすがわかる。

このあたりはもともと、ブナの大木がうっそうとしげる林だったのだが、およそ3000年前に焼山の火山活動が始まり、噴火とともにおきた火山泥流で、ブナ林は立ったまま土砂に埋もれてしまった。その後、長い年月のあいだに、川の水の流れによって、ブナ林を埋めていた土砂がけずられ、立ち木が顔をだしたのだ。

また、ふもとには焼山温泉や笹倉温泉（いずれも糸魚川市）があり、観光客がおとずれる。

火打山川の砂防ダム
火山泥流をくい止めるためのダムだ。

ブナの立ち木 3000年前に、このあたりがブナの林だったようすを想像してみよう。

火山灰や軽石が平らにつもった火山

弥陀ヶ原（立山）
富山県

弥陀ヶ原の室堂平とよばれる場所。その名のとおり平らな土地である。

標高／2621m
おもな岩石／安山岩・デイサイト
ハザードマップ／◯

弥陀ヶ原は2016（平成28）年に常時観測火山となった火山だ。ただ、ここが火山といわれても、なかなかすぐにはわかりにくい火山である。まずは、ここがなぜ火山なのかということから説明しよう。

平らな火山はどのようにできた？

上の写真をよくみてほしい。弥陀ヶ原という火山がどこだかわかるだろうか？　まん中から右のほうにかけて、ごつごつした山がつらなっている。ふつうだったら、これらの山々が火山ではないかと思うだろう。しかし、そうではないのだ。山々のふもとに広がる、なだらかな部分が弥陀ヶ原なのである。

かんたんにいうと、弥陀ヶ原は高い山々のあいだの低いところを埋めるようにして成長してきた火山である。弥陀ヶ原ができる前には、けわしい岩山だけがあったのだが、およそ20万年前から4万年前にかけて、この場所で大きな噴火が何度もおこり、いま見えるような、なだらかな土地をつくりだしたのだ。

中でも10万年ほど前におきた噴火は巨大なものだった。火砕流が発生し、およそ8.5立方km（東京ドーム7000杯分くらい）もの軽石や火山灰が、あたり

弥陀ヶ原ができたようす

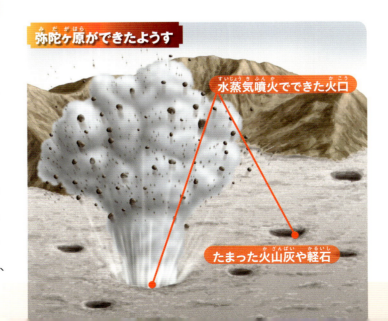

おもなできごと

20万年前	火山活動が始まる。
およそ10万年前	巨大な噴火で火砕流が発生。火山灰や軽石があたりの土地のデコボコを埋める。
1836年	地獄谷で水蒸気噴火。
1967年	火山ガス事故で、キャンプ中の2人が犠牲になる。
2006年	地獄谷からさかんに噴煙が上がる。
2012年	地獄谷から活発に火山ガスがふき出す。

称名滝 下の方450mは、火砕流によってたまった火山灰や軽石がかたまったもの。上の50mは後から流れてきた溶岩でできている。

火山灰や軽石の層

の土地のデコボコを埋めて平らにならしてしまった。この火砕流はいちばん厚いところで500mほどもあった。東京タワーが埋まってしまうほどの厚さだ。

この火山灰や軽石は、称名滝でみることができる。滝の横の崖は高さおよそ500mもある。流れる水のはたらきで、軽石や火山灰の層がスパッと切れているので、厚くつもった層のなかみが見えるのだ。

そして4万年ほど前からは、それまでのマグマをふき出す噴火に変わって、水蒸気噴火をくりかえした。みくりが池などの美しい湖は、こうした水蒸気噴火によってできた火口に水がたまったものなのだ。

最近では2006（平成18）年に、地獄谷と呼ばれる火口から活発に噴煙が上がり、2012（平成24）年には、やはり地獄谷からさかんに火山ガスがふき出した。このため今後の活動が注目されている。

噴火がつくった美しい景色

弥陀ヶ原には称名滝やみくりが池といった美しい景色があり、日本一標高の高いところにある温泉の、みくりが池温泉もある。標高2410mのところにあり、地獄谷火口からお湯をひいている。

さらに弥陀ヶ原のあたりは「立山弥陀ヶ原・大日平」としてラムサール条約に登録されている。国際的に重要な湿地と、そこに生きる動植物を守るための条約だ。弥陀ヶ原には池塘とよばれる小さな池があちこちにあり、高山植物の種類もゆたかである。また、絶滅が心配されるライチョウの生息地としても知られている。

みくりが池 まわりにそびえる立山をうつし出す美しい湖だ。

ライチョウ 特別天然記念物に指定されている。

予知できなかった2014年の噴火

御嶽山（おんたけさん）

長野県・岐阜県

標高／3067m
おもな岩石／玄武岩・安山岩・デイサイト・流紋岩
ハザードマップ／○

　火山としては、富士山についで日本で2番目の高さの山である。2014（平成26）年に水蒸気噴火をおこし、63人もの犠牲者がでた。太平洋戦争後の日本の火山災害の中で最大のものとなってしまったのだ。また、噴火の予知にも課題を残した。

　いっぽうで御嶽山は古くから信仰の山として知られ、親しまれてきた山でもある。いくつもの温泉があり、スキーを楽しむこともできるため、多くの人々がおとずれる。

戦後最大の火山災害

　御嶽山は標高3067mもある高い山だ。登りやすいので多くの登山者がおとずれる。2014年9月27日のお昼少し前、御嶽山の山頂には数百人の登山者がいた。空にはほとんど雲もなく、遠くまで見わたすことができた。これから噴火がおこるとはとても思えなかった。

　午前11時52分、御嶽山が突然爆発した。爆弾数十個分のエネルギーの爆発によって、火口周辺の石が高速でふき飛ばされた。人々が噴火に気がついてから噴石が飛んでくるまで、1分か2分しかなかった。気がつくのが遅れた人にとっては、10秒ほどの時間しかなかった。

　このときの噴石は大小さまざまで、大きいものは60cmもあった。噴石は角ばっていてずっしりと重い。このような石がプロ野球のピッチャーの投げるボールよりもはるかに高速で飛んできたのだ。たいへん危険である。この噴火で63人の方が亡くなるか行方不明となった。亡くなった原因の多くは噴石にぶつかったことだった。

　この噴火は、戦後の日本でおきた最大の火山災害となってしまったのだ。

2014（平成26）年9月27日の噴火　63人もの人々が犠牲となる、戦後最大の火山災害となった。

予知できなかった噴火

　御嶽山は常時観測火山として、24時間態勢での観測が気象庁によってつづけられていた。しかし、噴火したそのときの御嶽山の噴火警戒レベルは1、つまり「平常」状態だった（42ページも見よう）。残念ながら噴火は予知できず、大きな犠牲がでてしまったのである。

　御嶽山では噴火の半月ほど前に、山頂の真下でさかんに地震がおこっているのが観測され、公表されていた。後から考えるとこれが前兆現象だったのだが、噴火警戒レベルは1の「平常」のままで、火口近くへの立ち入り規制はおこなわれなかった*。

　はっきりした噴火のきざしがとらえられたのは、9月27日の11時41分のことだった。熱水（15ページを見よう）が、火山の地下深くで動くことによるわずかな振動（火山性微動）が観測されたのである。

　この現象がとらえられたのは、噴火のわずか11分前であり、山頂にいる人々にそれを伝える方法はなかった。

　このときの噴火は水蒸気噴火だった。マグマの熱が地下水に伝わっておこる噴火である。48ページでもお話ししたが、水蒸気噴火の予知はむずかしい。いまの観測技術をもってしても、地下の熱水の動きをはっきりとらえることはできないのだ。いたましい災害と、いまの噴火予知の限界を前にして、多くの人々が深く大きなショックを受けた。

　この噴火の後、噴火警戒レベル1の「キーワード」は「平常」から「活火山であることに留意」に書きかえられた。

　「留意」というのは少しむずかしい言い方だが、このキーワードの意味は「その火山が活火山であることに気を配り、注意する」ということである。御嶽山の2014年の噴火のような小さな噴火は、予知するのがむずかしい。突然の噴火もありうるので、十分注意する必要があるのだ。

噴石が降った山小屋　壁に噴石で開いた穴が見える。

噴火で飛んだ噴石

*この時点で噴火予知が可能だったかどうか、火山学者のあいだでも意見がわかれている。

噴石から身を守るには

この噴火で大きな被害をもたらしたのは噴石だった。噴石からの逃げかたは、ぜひおぼえておいてほしい。

登山中に突然、噴火にあったら、それは水蒸気噴火だ。飛んでくる噴石から身を守るには「かくれる」ことと「逃げる」ことが大事である。

噴石が見えてから、それが落ちてくるまでに数秒から十数秒は時間があるはずだ。すぐに岩かげや山小屋のかげにかくれよう。また、噴火と噴火のあい間を見はからって、走って逃げることも重要だ。数百mはなれるだけで、噴石の危険はかなり少なくなる。

くわしくは44ページをみてほしいが、「かくれる」「逃げる」を、かならず心にとどめておいてほしい。

「死火山」がなくなった

ここで御嶽山の歴史をかんたんにみてみよう。御嶽山は75万年ほど前に活動を始め、いったん30万年以上、活動を休んだのち、10万年ほど前からふたたび活動を始めた火山である。

おだやかな火山だと思われていたが、1979(昭和54)年に噴火して人々をおどろかせた。幸いなことに人への被害はなかったが、ふもとに火山灰が降った。これが人によって記録された初めての噴火である。

このころまで日本では「死火山」という言葉が使われていた。噴火の記録が残されていない火山のことを、こう呼んでいたのだ。

しかし、噴火の記録がなく、将来も噴火しないだろうとみられていた御嶽山が噴火したことで、火山に対する見かたは大きくかわった*。それまで気象庁が活火山を認定するときには、過去の噴火の記録が残っているかどうかを大きな目安としていたが、2003(平成15)年に「おおむね過去1万年以内に噴火した火山および現在活発な噴気活動のある火山」へと目安がかわった。活火山の数も当時の77山から110山までふえた(40ページも見よう)。

火山は数万年から数十万年のあいだ、活動を続ける。いっぽうで、噴火の記録が日本で残されているのは、ここ1500年ていどにすぎない。記録がないからといって、噴火しないわけではないのだ。

おもなできごと

- 75万年前 — 火山活動が始まる。
- 42万年前 — 火山活動がいったんおだやかになる。
- 10万年前 — 爆発的な噴火。軽石を関東地方まで降らせる。
- 5万年前 — 山体崩壊によって木曽川ぞいに洪水がおこり、下流の愛知県犬山市のあたりまで達する。
- 1979年 — 水蒸気噴火で火山灰が降り、農作物に被害。
- 1984年 — 長野県西部地震で山体崩壊が発生。岩なだれが流れくだり、29人が犠牲に。
- 1991年 — 小さな水蒸気噴火。火山灰がふき出す。
- 2007年 — 水蒸気噴火。火山灰がふき出す。
- 2014年 — 水蒸気噴火で噴石がおこり、火山灰が降る。63人の登山客が犠牲となる、戦後最大の火山災害に。

御嶽山／1984年の地震でくずれたところ／王滝村

1984(昭和59)年の山体崩壊 大きな岩なだれをひきおこした。

火山はくずれやすい

噴火以外にも御嶽山では災害がおこっている。1984（昭和59）年に長野県の西部で大きな地震がおきた。これがきっかけで御嶽山の中腹が大きくくずれ（山体崩壊）、岩なだれが平均時速約80kmのスピードで、川にそっておよそ12kmも流れくだった。下流の王滝村などで29人もの方々が亡くなるか、行方不明となる災害となった。

山の斜面の地下には、過去の噴火でつもった軽石の層があった。地震によってゆすられることで、この弱い層が上の層といっしょにくずれ、岩なだれとなったのである。

雲仙岳（130ページ）のところでもお話しするが、火山というのはくずれやすい山なので、地震や小さな噴火などの、ちょっとしたきっかけでくずれてしまうのだ。

御嶽山のめぐみ

いっぽうで御嶽山は、古くから信仰の山として人々に親しまれてきた。ふもとから頂上にかけて神社の社殿がいくつもあり、お参りしながら登ってゆく白装束姿の人々がみられる。

御嶽山のまわりには温泉も多い。岐阜県側には濁河温泉（下呂市）、長野県側には王滝温泉や鹿の瀬温泉（いずれも王滝村）などがある。中でも鹿の瀬温泉は御嶽山の5合目にある秘湯として知られる。また、山腹のスキー場は見はらしもよいため人気がある。

噴火でできためずらしい風景もある。それが巌立峡（下呂市）にある柱状節理だ。およそ5万4000年前の噴火で流れてきた溶岩の絶壁で、たくさんの岩の柱をならべたような形をしている。溶岩が冷えてかたまるときにちぢんで、このような形になったのだ（88ページも見よう）。

関東・中部

御嶽山を登る人 山そのものを神さまとうやまい、白装束姿で登山する。

御嶽山のスキー場（長野県王滝村） 御嶽山をながめながらスキーやスノーボードを楽しめる。

御嶽神社 遠くに見える山頂をおがむ。

巌立峡の柱状節理（岐阜県下呂市） 高さ約72m、幅約120mの柱状節理の大岩壁だ。

＊ただし御嶽山は1979年当時も活火山には認定されていた。

日本のシンボルとなっている火山

富士山
静岡県・山梨県

成層火山　スコリア丘　火山灰/軽石　溶岩流　火山弾　山体崩壊　火砕流　火山泥流

宝永噴火の火口

標高／3776m
おもな岩石／玄武岩
ハザードマップ／○

　日本のシンボルとなっている山である。なだらかなすそ野をひく、その美しい姿をひと目みようと、日本はもとより、海外からも多くの人々がおとずれる。

　富士山は、記録に残る中で2度の大きな噴火をおこしている。ひとつは平安時代におきた噴火で、大量の溶岩が流れ出た。これによってふもとの青木ヶ原ができ、富士五湖がいまのような姿になった。

　もうひとつは江戸時代の中ごろの噴火で、大量の火山灰がふき出し、広い地域に深刻な影響をあたえた。

　いっぽうで、ゆたかな湧水や美しい景色といった、火山ならではのめぐみもゆたかだ。古くからの信仰の山としても知られ、2013（平成25）年には世界文化遺産にも登録された。

富士山の生いたち

　巨大な富士山は、どのようにしてできたかということから話を始めよう。

　およそ30万年前のこと。いまの富士山のあたりでは、小御岳と愛鷹山がさかんに噴火をくりかえしていた。これらの山が10万年ほど前に活動を終えると、こんどは小御岳の南側の山腹から古富士がふき出して活動を始めた。古富士は小御岳におおいかぶさるようにして溶岩や火山灰を積み重ね、ときどき山が大きくくずれる山体崩壊をくりかえしながら、ぐんぐんと成長した。

　そうして1万年ほど前になると、新富士の活動が始まった。大量の溶岩をふき出し、やはり山体崩壊をくりかえしながら、古富士の上におおいかぶさったのだ。わたしたちがいまみている富士山の表面は、新富士の噴火でかたちづくられたものである。

　なお、右上の図のいちばん下にある先小御岳は、最近になってその存在がたしかめられた、富士山の最も古い部分である。先小御岳火山の上に小御岳火山が、さらに古富士火山、新富士火山と、それぞれ下の火山におおいかぶさるように成長した。いわば富士山は「4階だて」の火山なのだ。

東側から見た富士山
愛鷹山　富士山

富士山は「4階だて」
新富士 1万年前〜
小御岳 〜10万年前
愛鷹山 40〜10万年前
古富士 10万年前〜
先小御岳 数十万年前〜

樹海と湖をつくった噴火

富士山は平安時代に巨大な噴火をおこした。記録に残っている富士山の噴火の中で最大のもので、当時の年号をとって「貞観噴火」と呼ばれる。

864年のこと。富士山の山腹で噴火が始まり、大量の溶岩が流れ出して、北西側の山腹からふもとを埋めつくした。

この溶岩流のあとに木々が芽ぶいて森林となり、青木ヶ原樹海となった。東京ドームおよそ640個分にもおよぶ広大な森林ができたのだ。

さらに溶岩は、当時「せのうみ」と呼ばれていた大きな湖にも流れこんだ。この溶岩で「せのうみ」は区切られてしまい、精進湖と西湖という2つの湖に分かれた。

それまで富士山の北側には、4つの湖（せのうみ・本栖湖・河口湖・山中湖）があったのだが、この噴火によって、いまの「富士五湖」ができあがった。

このとき流れ出した溶岩の量は、およそ1.2立方kmというとほうもないもので、東京ドーム1000杯分くらいである。富士山麓の代表的な名所として知られる青木ヶ原樹海と富士五湖とは、この溶岩流によってかたちづくられたのだ。

江戸時代の大噴火

記録に残っている中で、もうひとつの大きな噴火が江戸時代中ごろの噴火である。当時の年号をとって「宝永噴火」と呼ばれる。

おもなできごと

数十万年前	先小御岳が活動する。
30万年前	小御岳が活動する（〜10万年前）。
10万年前	古富士の活動が始まる。
1万年前	新富士の活動が始まる。
2900年前	山体崩壊で約1.8立方kmの土砂がくずれ、東側の静岡県御殿場市あたりまでが埋まる。
800〜02年	噴火で火山灰が降る（延暦噴火）。
864〜66年	北西の山腹から噴火。スコリア（黒い軽石）が降る。約1.2立方kmもの溶岩が流れ出し、青木ヶ原と西湖・精進湖ができる（貞観噴火）。
1707年	南東の山腹に火口ができ噴火。約0.7立方kmものマグマがふき出し、大量の火山灰や軽石が降る（宝永噴火）。ふもとで火山灰のために農作物がつくれなくなるなどの被害。
2008〜10年	富士山の地下深くがふくらんできたのが観測されたが、その後終息する。
2011年	3月11日におきた東北地方太平洋沖地震の4日後に、富士山南麓の地下でM 6.4の地震。

青木ヶ原と富士五湖
河口湖　精進湖　西湖　青木ヶ原　本栖湖　山中湖　富士山　愛鷹山

本栖湖　貞観噴火の溶岩流でできた湖だ。湖面に富士山がうつるようすは、千円札の裏側の絵にもなっている。

青木ヶ原樹海　貞観噴火で大量の溶岩が流れたあとが広大な森林となった。

　1707年12月3日ごろから、富士山のふもとでは毎日のように地鳴りが聞こえるようになった。さらに12月15日の午後からひんぱんに地震がおこり、遠くはなれた名古屋や江戸（いまの東京）でもゆれが感じられた。

　そして翌16日の午前10時ごろ、富士山の山腹から噴煙が高々と立ちのぼった。噴煙は風に乗って流れ、軽石や火山灰が雪のように降りそそいだ。このため風下の地域はまるで夕暮れのように暗くなった。夜になると火口から明るい火柱が立ちのぼり、熱でまっ赤になった火山弾がふき出すのが目撃された。

　噴火はおよそ2週間にわたって続き、はるか江戸にまで火山灰が降った。このときふき出したマグマの量はおよそ0.7立方kmにもなった。

　なお、このときにできた火口は宝永火口と呼ばれ、いまも山腹にその姿をみることができる。98ページの写真をもういちどみてみよう。まん中に大きくえぐれたように見えるのが宝永火口である。その大きさは山頂の火口よりも大きいのだ。

人々を苦しめた火山灰

　宝永噴火で降りつもった大量の火山灰は、ふもとの人々をたいへん苦しめた。

　火山灰は「灰」とはいうものの、マグマのしぶきのかたまったものであり、雪のようにとけてなくなるわけではない。灰の層の上では農作物を育てることがで

クニマスと西湖

　2010（平成22）年に、富士五湖のひとつ西湖で、クニマスという魚が見つかった。およそ70年前に絶滅したとみられていた魚で、この発見は大きなニュースになった。
　クニマスはもともと秋田県の田沢湖だけにすんでいた。しかし、1940（昭和15）年に、秋田焼山のふもとにある玉川温泉（84ページを見よう）の水が田沢湖にひきこまれ、湖の水が酸性になったために、姿が見られなくなっていた。
　いっぽうで絶滅の数年前に、西湖などには養殖のためにクニマスの卵が持ちこまれていた。そのときの子孫が生きのびていたのである。現在、山梨県ではクニマスの生態を解明し、ふやすための研究が続けられている。

西湖でとれたクニマス

西湖

きず、とくに火山灰が厚くつもった東側のふもとでは作物がほとんどとれなくなってしまった。そのため数多くの人々が飢えて亡くなったり、土地をすててさまよったりした。

さらに丹沢山地（神奈川県）や足柄山地（神奈川県・静岡県）に降った火山灰は、たびたび土石流をひきおこした。火山灰が地面をおおってしまうと、水がしみこみにくくなる。するとわずかな雨でも土石流がおこりやすくなるのだ。

雨の多い夏場になると、山々のあちこちで土石流がおこり、大量の土砂を川の下流へとおし流した。このため下流の川底に土砂がつもってかさが上がり、たびたび洪水がおこるようにもなった。

農民たちは、厚い火山灰の層の下から畑の土を掘りおこし、火山灰と入れかえるなどの作業をおこなった。また、洪水によってこわれた川の堤防をなおすなどの治水工事もおこなわれた。こうした復旧作業には、50年以上の歳月がかかった。

宝永噴火のようす

噴火のときの夜のようす（上）。山腹に大きく開いた火口から、火柱が立ちのぼっているのが見える（「宝永富士山噴火絵図 夜乃景気」静岡県立中央図書館歴文化情報センター蔵）。

江戸時代の絵師・葛飾北斎の絵図（下）。軽石とみられる石が降りそそぐ中、大混乱におちいる人々や、家がこわれるようすがえがかれている（葛飾北斎「宝永山出現」静岡県立中央図書館蔵）。

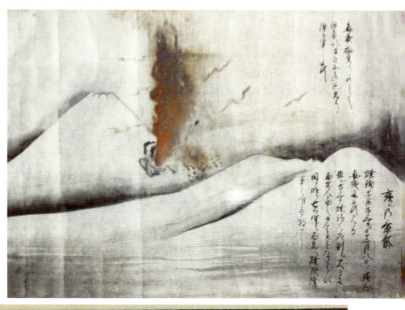

忍野八海 山梨県忍野村にある8つの湧水池で、世界文化遺産のひとつにも登録されている。写真は鏡池と呼ばれる湧水池。

柿田川湧水（静岡県清水町）「名水百選」にも選ばれている。

噴火と地震

　ところで、この宝永噴火の49日前に、大きな地震がおきていた。「宝永地震」と呼ばれ、関東から九州にかけての広い地域が大きなゆれにみまわれた。少なくとも2万人もの人々が犠牲となり、8万戸もの家屋が被害を受けた、日本史上で最大級の地震のひとつである。

　この地震と宝永噴火には関係があるとみる火山学者が多い。宝永地震がおこることによって、富士山のマグマだまりにかかる力がかわり、それが噴火へとつながったと考えているのだ。

　噴火と地震とがどのように関係しているかということは、現在でもまだ解明されていない。ただ、何らかのかかわりがあるはずだとは考えられている。

ゆたかな湧水のめぐみ

　ここまで富士山の噴火と、それがもたらした災害についてみてきた。いっぽうで富士山は人々にさまざまなめぐみをもたらす山でもある。

　その代表的なめぐみが湧水だ。富士山のふもとからは、1日あたり500万tをこえる地下水がわき出し続けている。

　とくに有名なのは柿田川湧水（静岡県清水町）で、ここだけで1日およそ100万tもの水がわいている。

清水町など静岡県東部の3市2町にくらす約42万人の飲料水となっているほか、工業用水、農業用水としても利用されている。

　忍野八海（山梨県忍野村）と呼ばれる湧水群も広く知られている。信仰のために富士山に登る人々が、その前に心身を清める湧水として古くから利用されてきた。現在はその美しい風景が観光の見どころとなっている。

　こうした湧水のおおもとは、富士山に降った雨や雪どけ水だ。噴火ででた溶岩が冷えてかたまると、くだけてすき間だらけのところができる。そのすき間に水がたくわえられ、長い時間をかけて地上へとわき出してくるのだ。いわば富士山は巨大なダムのようなものなのだ。

吉田の火祭り（山梨県富士吉田市） 街は火の海のようになり、おおぜいの人々でにぎわう。

信仰の山と世界遺産

そして富士山は古くからの信仰の山である。ふもとの北口本宮冨士浅間神社と諏訪神社（いずれも山梨県富士吉田市）では、毎年8月26日から27日にかけて「吉田の火祭り」がおこなわれる。夏の富士山参拝をしめくくる行事で、富士山をかたどったお神輿が街をねり歩き、沿道のたいまつに火がつけられる。「日本三奇祭」のひとつとされ、国の重要無形民俗文化財にも登録されている。

このように富士山は信仰の対象でありつづけ、また日本人の心のよりどころになってきたことなどから、富士山のまわりの神社や、さきにお話しした富士五湖、忍野八海など25か所が「富士山─信仰の対象と芸術の源泉」として、2013（平成25）年に世界文化遺産に登録された。

富士山が生んだグルメ

富士山のふもとの山梨県富士吉田市の名物となっているのが「吉田のうどん」である。富士吉田市のあたりの土は溶岩や火山灰からなるため、水はけがよいいっぽうで、土の中に水がたくわえられにくい。このため水田には不向きで、小麦や大麦などがおもにつくられてきた。

この小麦を使ったうどんがよく食べられるようになったのは昭和時代のはじめごろだ。特産の織物づくりでいそがしい合間の昼ごはんとして、さかんにうどんがつくられた。東京や大阪から織物を買いつけに来る人々にも、このうどんは人気となった。

現在、富士吉田市にはたくさんのうどん店があり、観光客や地元の人々の人気を集めている。また、吉田のうどんは、国が選ぶ「農山漁村の郷土料理百選」のひとつにもなっている。

吉田のうどん 溶岩や火山灰の土地で育った小麦でつくる。しっかりと打たれ、とてもこしがある。強い歯ごたえが特長だ。

もっと知りたい！富士山

富士山のふもとの青木ヶ原樹海には、いくつもの溶岩のトンネルがある。青木ヶ原は、さきにお話しした富士山の864年の噴火のときに、大量の溶岩が流れ出してかたちづくられた場所だ。溶岩の表面がかたまっていても、中がまだドロドロしていると、溶岩のとけた部分が流れ出してトンネルとなるのだ。

おすすめは西湖蝙蝠穴（山梨県富士河口湖町）である。トンネルの総延長は386mもあり、富士山のふもとの溶岩トンネルの中で最も大きなもののひとつだ。トンネルは複雑に入りくんでいて、探検気分を味わうことができる。縄状溶岩（89ページを見よう）や鍾乳石もみることができる。

青木ヶ原にはこのほかにも富岳風穴、鳴沢氷穴などの溶岩トンネルがあり、溶岩のようすを観察することができる。

西湖蝙蝠穴

もし富士山が噴火したら？

富士山は江戸時代の大噴火から、300年以上も噴火しておらず、次の噴火はいつおこってもおかしくない。もし富士山が噴火したら、それは近代的な大都市が初めて経験する噴火となるかもしれないのだ。

▲ 火山灰で広い範囲に被害が

富士山の噴火で、広い範囲に被害をおよぼすのは火山灰である。100ページでみた江戸時代の宝永噴火では、およそ半月にわたって火山灰がふき出しつづけ、富士山の東のふもとで3m、江戸（いまの東京）でも5cmの厚さにつもった。

もし現代に、宝永噴火と同じような噴火がおこったとすると、ふもとに大きな被害がでるのはもちろんのこと、火山灰による影響で、東京・横浜といった大都市の機能がまひしてしまうような災害になると考えられている。交通がストップし、コンピューターが使えなくなるといった被害がでるとみられている。

火山灰が降るようす 桜島（140ページ）の火山灰が降る鹿児島市のようす。人々は傘をさしたり、口をおさえたりしている。

▲ 火山灰はどこまで？

江戸時代の大噴火（宝永噴火）のような噴火になった場合、火山灰が風に乗って、東京や横浜にやってくる。これらの都市には数cmの厚さの火山灰がつもると考えられている。

火山灰は東京や横浜まで、およそ2時間で到達するといわれている。そうなると交通がすべてストップしてしまうので、噴火したらすぐに家に帰ることが大事だ。

火山灰がつもる範囲の予測

⚠ どんなことがおこるの？

火山灰は人の健康に被害をおよぼすほか、交通や電子機器などに深刻な影響をもたらす。

目や呼吸器への被害
火山灰が目に入るととても痛い。鼻や口から吸いこむのも身体によくない。とくにぜんそくの人は要注意だ。ゴーグルやマスクを使って火山灰をさけよう。

電子機器の故障
こまかな火山灰がパソコンなどに入りこむと故障することがある。パソコンやスマートフォン、インターネットが使えなくなることが心配されている。

車が走れなくなる
火山灰が道路につもると、車がスリップする危険が高くなる。夜のように暗くなるので見とおしもきかない。東名高速道路が通行止めとなり、物流がまひしてしまう可能性が高い。コンビニからも食べ物がなくなってしまうだろう。

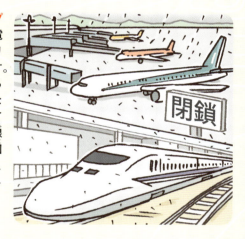

鉄道や航空がストップ
鉄道を動かしている電子機器に火山灰が入りこむと誤作動をおこす。また、火山灰がつもると滑走路が使えなくなり、空港も閉鎖されてしまう。東海道新幹線がストップし、東京国際空港（羽田空港）、成田国際空港がまひしてしまうのだ。

もっと知りたい！ 富士山噴火

富士山の噴火がもたらす災害の可能性についてみてきた。では、富士山の噴火が予知できるかというと、残念ながら現在のところ、かなりむずかしいと言わざるをえない。これは富士山のマグマだまりが、ほかの火山にくらべて深いためである。地下25kmよりも深いところにあると考えられており、マグマの動きがたいへんとらえにくいのだ。

だけど、噴火したらどうなるかを知っておくだけで、いざというときの対応はちがってくる。そんなときにおすすめなのが、藤井敏嗣『正しく恐れよ！ 富士山大噴火』（徳間書店）だ。いまの噴火予知の限界を知り、防災の基本的な知識を身につけることができる。おとな向けの本ではあるが、中学生くらいならがんばれば読めると思う。

また、富士山の近くに住んでいる人は、インターネットで富士山のハザードマップ（火山防災マップ）をみておくといい。じっさいの噴火がハザードマップどおりになるとはかぎらないが、噴火による災害のイメージをあるていどはつかむことができる。

● 富士山火山防災マップ（内閣府） http://www.bousai.go.jp/kazan/fujisan-kyougikai/fuji_map/

火山のめぐみを
たっぷりと

箱根山
はこねやま

神奈川県

成層火山　カルデラ　中央火口丘　火砕流　火山灰/軽石　溶岩流　山体崩壊　火山泥流　火山ガス

標高／1438m
おもな岩石／玄武岩・安山岩・デイサイト
ハザードマップ／○

　箱根山は火山のもたらすめぐみがたいへんわかりやすい場所である。美しい景色や温泉などが、火山活動とどのようにかかわっているのかをさぐってみよう。

複雑なデコボコの火山

　箱根は日本を代表する観光地である。そこが火山であるといっても、箱根に遊びに行ったことのある人にはピンとこないかもしれない。箱根には山も湖もあって、その景色は変化にとんでいる。その中のいったいどこが火山なの？と思うかもしれない。

　その答えは右の地図をみてほしい。巨大なへこみがあり、その中に山々や湖がある。これらすべてが箱根山という火山なのである。

　この複雑なデコボコは、箱根山のなりたちと深くかかわっている。そのなりたちをおおまかに説明しよう。箱根山の活動は40万年ほど前に始まった。いくつかの成層火山の集まりができたが、その後に巨大噴火がくりかえしおこって地下のマグマがぬけ、巨大なへこみ（カルデラ）ができた。このカルデラはいったんは溶岩で埋まったが、6万年ほど前におこった巨大噴火でふたたびカルデラができたのだ。

　その後、カルデラの中にマグマがふき出して、いくつもの山々をかたちづくった。3100年ほど前には、カルデラの中の山が山体崩壊をおこして大きくくずれ、

箱根山の全景

山体崩壊のあと　大涌谷　神山　芦ノ湖

川をせき止めた。それによってできたのが芦ノ湖である。また、このときの山体崩壊のあとが、神山北西の大きなへこみである。

たっぷり味わえる火山のめぐみ

箱根は年間1700万人もの人々がおとずれる観光地だ。そのおもな目的は温泉だ。奈良時代に源泉が発見され、豊臣秀吉の配下の武将も箱根の湯につかったといわれる。箱根温泉、強羅温泉（いずれも箱根町）などたくさんの温泉街がある。

温泉を利用した「黒たまご」も有名だ。生卵を温泉でゆで、さらに温泉の蒸気で蒸してできあがる。温泉のお湯にふくまれる鉄分と、硫化水素が反応して、殻がまっ黒になるそうだ。

変化にとんだ美しい景色も噴火によるものだ。芦ノ湖は観光スポットとして有名で、遊覧船に乗って楽しむこともできる。また、大涌谷を見物におとずれる人々も多い。草木の生えない荒れ地に噴気がたちこめる独特の景色が、観光客の目をひきつける。

大涌谷では2015（平成27）年に小さな水蒸気噴火がおこった。このため一帯への立ち入りが規制され、大涌谷を通るロープウェイも運休されたが、翌2016（平成28）年7月には規制が一部解除され、ロープウェイの運行も再開された。

おもなできごと

およそ40万年前	火山活動が始まり、いくつもの成層火山ができる。
22〜13万年前	火砕流や軽石の噴出をともなう巨大噴火がくりかえしおこり、カルデラができる。さらにカルデラが溶岩で埋まる。
6万年前	巨大な噴火でカルデラができる。
3100年前	山体崩壊がおこり、芦ノ湖ができる。
2015年	大涌谷でごく小さな水蒸気噴火。火山灰が降り、火山泥流がおこる。

大涌谷 さかんに噴気をだしている。

黒たまご 大涌谷の温泉でつくられる。とてもおいしい、人気のおみやげだ。

もっと知りたい！箱根山

箱根山のあたりは箱根ジオパークになっている。その拠点が箱根ジオミュージアム（箱根町）だ。ここでは箱根山のなりたちを、たくさんのパネルを使って展示している。また、箱根山の玄武岩や安山岩の実物もみることができる。

それから、楽しい実験もときどきおこなわれている。マグマのねばり気が、噴火のはげしさにどのように影響するのかがわかる実験などだ。実験を見たい場合は、行く前に問い合わせてみよう。

箱根ジオミュージアム

●箱根ジオパーク　http://www.hakone-geopark.jp/　　●箱根ジオミュージアム　http://www.hakone-geomuseum.jp/

伊豆東部火山群

小さな火山の博物館

静岡県

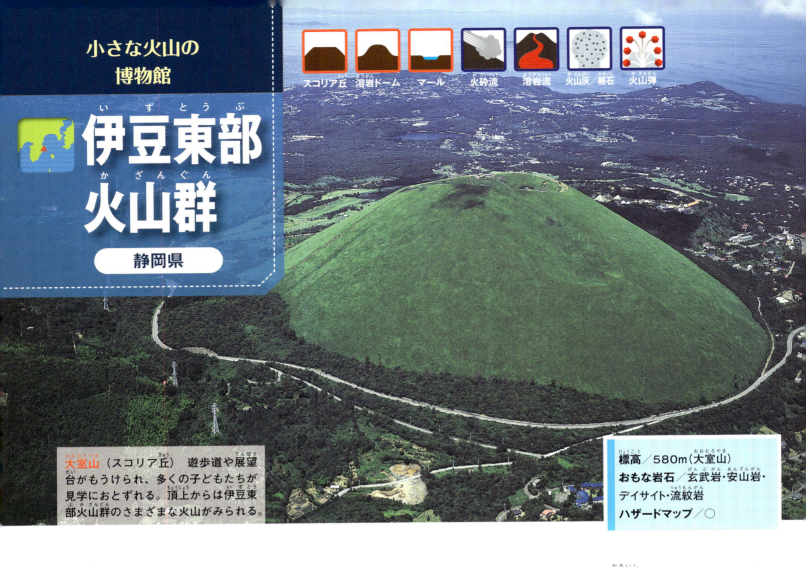

スコリア丘／溶岩ドーム／マール／火砕流／溶岩流／火山灰・軽石／火山弾

大室山（スコリア丘） 遊歩道や展望台がもうけられ、多くの子どもたちが見学におとずれる。頂上からは伊豆東部火山群のさまざまな火山がみられる。

標高／580m（大室山）
おもな岩石／玄武岩・安山岩・デイサイト・流紋岩
ハザードマップ／○

伊豆半島の東側には、たくさんの小さな火山が広くちらばっている。このあたりは伊豆半島ジオパークとなっており、さまざまな形の火山をみることができる。

小さな火山がいっぱい！

次ページの地図をみてみよう。たくさんの火山がちらばっており、これらをまとめて伊豆東部火山群という。なぜ、これだけたくさんの火山がひとまとまりに「伊豆東部火山群」という活火山とされているのかと思うだろう。まずはそのわけを説明しよう。

火山の多くは、ほぼ同じ火口から何度も噴火をくりかえして大きく成長する。いっぽうで、伊豆東部火山群には中心となる火口がなく、あちこちに火口をつくって噴火したため、小さな火山が広い範囲にちらばっている。火山の博物館のような景色ができあがったのだ。

あちこちからふき出した火山はバラエティに富んでいる。もっとも有名なのが上の写真の大室山だ。噴火でふき出したスコリア（黒い軽石）がつもってできたスコリア丘である。

矢筈山はねばり気の強い溶岩がもり上がった溶岩ドームだ。一碧湖はマグマ水蒸気噴火によってできた火口に水がたまった、マールと呼ばれる火山である。

それから海底火山もある。1989（平成元）年に噴火した手石海丘だ。これは伊豆東部火山群のおよそ2700年ぶりの噴火だった。

温泉とジオ菓子

伊豆半島にはたくさんの温泉がある。伊東温泉（伊東市）や熱川温泉（東伊豆町）、月ヶ瀬温泉（伊豆市）などは、伊豆東部火山群のマグマのめぐみである。

そして伊豆をおとずれたら、ぜひ食べてほしいのが「ジオ菓子®」だ。溶岩がつくった地層をはじめ、伊豆半島でみられる地層そっくりにつくられたお菓子で、

●伊豆半島ジオパーク　http://izugeopark.org/

矢筈山（溶岩ドーム）

伊豆東部火山群

一碧湖（マール）

手石海丘（海底火山）
1989（平成元）年に噴火したときのようす。

関東・中部

味もとてもおいしい。さらにパッケージには宝物の地図のような紙が入っていて、お菓子のもとになった地層のある場所にたどりつけるようになっているのだ。

伊豆半島ジオパークの拠点となっている博物館「ジオリア」（伊豆市）にも立ちよってみよう。伊豆東部火山群に関する展示はもちろん、伊豆半島がどのようにできたかをCGの映像などで学ぶことができる。

おもなできごと

- 15万年前 ● 伊豆東部火山群の火山活動が始まる。
- 4000年前 ● 噴火でスコリア（黒い軽石）がつもり、大室山ができる。
- 3200年前 ● カワゴ平と呼ばれる火山が噴火。軽石や火山灰が降り、火砕流、溶岩流がおこる。
- 2700年前 ● 矢筈山が噴火。
- 1989年 ● 手石海丘が海底噴火。軽石などがふき出す。およそ2700年ぶりの伊豆東部火山群の噴火。

ジオ菓子® 写真は溶岩が冷えてちぢまった「柱状節理」にそっくりにつくられたもの。

ジオリア 火山活動をはじめ、大地の動きを学ぶことができる。

| 那須岳 |  成層火山 | 溶岩ドーム | カルデラ | 火砕流 | 溶岩流 | 火山泥流 | 火山灰／軽石 | 日光白根山 | 成層火山 | 溶岩ドーム | 溶岩流 | 火山灰／軽石 |

那須岳（福島県・栃木県）

溶岩ドーム

標高／1915m
おもな岩石／玄武岩・安山岩
ハザードマップ／○

活発な茶臼岳

栃木・福島の県境につらなる朝日岳、三本槍岳、茶臼岳などの山々をまとめて那須岳と呼ぶ。

これらの山々のなかで最も新しいのが茶臼岳で、1万6000年ほど前に活動を始めた。記録に残っている噴火はすべて茶臼岳のものである。室町時代の1410年の噴火では、山頂に溶岩ドームができ、火砕流も発生した。さらに火山泥流が那珂川に流れこんだ。この噴火で180人以上が命をおとしたといわれている。

その後400年ほどは静かだったが、江戸時代の1846年から1963（昭和38）年にかけて5回の水蒸気噴火がおこった。

現在（2017年2月）も活発に噴気を上げており、活動期にある火山だといえる。

温泉と殺生石

那須岳のまわりは日本でも指おりの温泉地で、那須湯本温泉（栃木県那須町）などの温泉街がある。また、ふもとには「殺生石」がある。まわりから火山ガスがでており、鳥や獣の命をうばう石として恐れられてきた。

殺生石 九尾の狐が化けた石であるという伝説が語り伝えられている。

おもなできごと

- 50万年前 ● 火山活動が始まる。
- 1万6000年前 ● 茶臼岳が火山活動を始める。
- 1410年 ● 茶臼岳が噴火し、山頂に溶岩ドームができる。火砕流や溶岩流、火山泥流が発生。180人以上が犠牲に。
- 1846〜1963年 ● 茶臼岳で5回の水蒸気噴火。

日光白根山（栃木県・群馬県）

五色沼

湖をつくった溶岩流

関東から北の地域で最も高い山だ。冬には雪をいただくため「白根」の名がついたといわれる。2万年ほど前に活動を始めた若い火山で、厚い溶岩流と、いくつかの溶岩ドームからなる。山の北側にある菅沼や丸沼は、日光白根山の溶岩流が川をせき止めてできた湖だ。

江戸時代の1649年に水蒸気噴火をおこし、大量の火山灰を降らせた。この噴火で、山頂には直径200mほどの火口ができた。その後は、1872（明治5）年から1889（明治22）年にかけて、小さな水蒸気噴火をくりかえした。

温泉と五色沼

日光白根山の栃木県側には日光湯元温泉（日光市）があり、古くからの湯治場として知られる。群馬県側には丸沼温泉や白根温泉（いずれも片品村）がある。

また、標高2000mをこえたところにある五色沼は、溶岩ドームや山にかこまれたくぼ地に水がたまってできたもので、深さによって水の色がかわることからこの名がある。この山は高山植物の宝庫としても知られ、登山客の人気を集めている。

菅沼

標高／2578m
おもな岩石／安山岩・デイサイト
ハザードマップ／ー

おもなできごと

- 2万年前 ● 火山活動が始まる。その後、溶岩流で川がせき止められ、菅沼や丸沼ができる。
- 1649年 ● 水蒸気噴火で大量の火山灰が降る。山頂の神社が全壊。
- 1872〜89年 ● 小さな水蒸気噴火をくりかえす。

草津白根山		焼岳	
	スコリア丘　火砕流　火山灰/軽石　火山ガス　溶岩流		成層火山　溶岩ドーム　火山泥流　噴石　火山灰/軽石　溶岩流　火砕流

草津白根山（群馬県・長野県）

湯釜

標高／2165m
おもな岩石／安山岩
ハザードマップ／○

湯釜の噴火
湯釜と呼ばれる火口湖が名所になっている火山だ。アマゾナイトのような色の湖面が印象的だ。

この湯釜は、3000年ほど前から水蒸気噴火がくりかえされてできたとみられる。まわりにはもともと草木が生いしげっていたが、1882（明治15）年におきた水蒸気噴火で、白っぽい粘土がふき出してあたりをおおい、いまのような景色となった。

その後もおもに湯釜のあたりで、ひんぱんに水蒸気噴火がおこっている。とくにはげしかったのは1939（昭和14）年の水蒸気噴火で、大量の火山灰がふき出して日光をさえぎった。およそ6kmはなれた草津温泉街（群馬県草津町）では、昼間でもランプが必要だったといわれる。

草津温泉
ふもとの草津温泉は、噴火でできた火砕流台地の上にある。37万年ほど前の火砕流で、ふもとが軽石や火山灰で埋めつくされ、なだらかな土地ができたのだ。

草津温泉の湯畑　街のまん中にある「湯畑」からは、60〜98度のお湯が1分間に5800ℓ以上もわき出している。この温泉も草津白根山のめぐみだ。

おもなできごと

60万年前	火山活動が始まる。
37万年前	火砕流で、ふもとが火山灰や軽石で埋まる。
3000年前	水蒸気噴火が何度もおこり、湯釜ができる。
1897年	湯釜が水蒸気噴火。硫黄採掘所が全壊。
1932年	湯釜のあたりで水蒸気噴火。硫黄を採掘していた2人が犠牲に。7人けが。
1937〜39年	湯釜が水蒸気噴火。大量の火山灰が降る。
1976年	火山ガス事故で登山者3人が犠牲に。

焼岳（岐阜県・長野県）

標高／2455m
おもな岩石／安山岩・デイサイト
ハザードマップ／○

ひんぱんな水蒸気噴火
避暑地として有名な上高地の入り口にある火山だ。ふもとの大正池が名所となっている。大正池は、1915（大正4）年におきた水蒸気噴火でできた。山頂近くの火口で爆発がおき、火山泥流が発生してふもとまで流れくだった。この泥流で梓川がせき止められ、池となった。

焼岳はこのほかにも、明治時代の終わりから昭和時代にかけて、ひんぱんに水蒸気噴火をおこしている。とくに1962（昭和37）年の水蒸気噴火では、大量の噴石や火山灰がふき出し、山小屋の宿泊客らが頭に鍋をかぶって避難したという。

最近では、1995（平成7）年にふもとの工事現場で、やはり水蒸気噴火がおこって作業員4人が命をおとした。

美しい大正池
大正池は、枯れたシラカバが池の中にそそり立ち、湖面に北アルプスの山々をうつす姿が観光客に人気だ。また、ふもとには岐阜県側の奥飛騨温泉郷（高山市）、長野県側の上高地温泉（松本市）など温泉も多い。

大正池　避暑地として有名な上高地の代表的な名所で、この池をふくむ上高地は特別天然記念物にも指定されている。その独特の景色は絵はがきなどにもなっている。

おもなできごと

12万年前	火山活動が始まる。
1915年	水蒸気噴火で火山灰が降る。火山泥流がおこり、梓川をせき止めて大正池ができる。
1962〜63年	水蒸気噴火で火山灰が降り、火山泥流がおこる。けが人2人。
1995年	ふもとで水蒸気噴火。近くで工事中の作業員4人が犠牲に。

乗鞍岳	成層火山	溶岩ドーム	山体崩壊	溶岩流	火山灰／軽石

白山	成層火山	溶岩ドーム	山体崩壊	火山灰／軽石	火砕流	噴石	火山泥流	溶岩流

乗鞍岳（岐阜県・長野県）

標高／3026m
おもな岩石／安山岩・デイサイト
ハザードマップ／−

いまはおだやかな活火山 剣ヶ峰をはじめ、烏帽子岳、恵比寿岳などいくつもの峰からなる。この山のゆるやかな斜面が馬の鞍に似ていることから、こう名づけられたらしい。火山としては富士山、御嶽山につぐ、日本で3番目の高さの山である。

その活動は130万年ほど前に始まった。その後50万年もの長い休みのあと、新しい火山活動が始まった。12万年前にほぼ完成した成層火山は、4万年前にかなりくずれてしまった。その後、四ツ岳、恵比寿岳、剣ヶ峰などの火山ができて現在の姿になった。

観光の山 乗鞍岳は標高2700m以上のところまでバスが走り、登山道や山小屋もよく整備されている。ふもとには白骨温泉、乗鞍高原温泉（いずれも長野県松本市）もある。

春山バス 4月から6月にかけて、乗鞍高原と乗鞍岳をつなぐバス。残雪が高々とつもる「雪の回廊」を楽しむことができる。

おもなできごと

- 130万年前 ● 火山活動が始まる。
- 32万年前 ● 50万年ぶりに火山活動が再開。新しい火山ができ始める。
- 2000年前 ● 恵比寿岳が噴火。火砕物が降り、溶岩流がおこる。

白山（石川県・岐阜県）

標高／2702m
おもな岩石／安山岩・デイサイト
ハザードマップ／○

4500年前の山体崩壊 冬に白い雪をいただいた姿から「白山」の名がついたという。白山と呼ばれるのは、おもに御前峰・剣ヶ峰・大汝峰の3つの山だ。このあたりでは10万年ほど前から火山活動が続いている。

目だったできごととしては、5000年ほど前の御前峰の山体崩壊がある。山が大きくくずれ、岩なだれとなって庄川に流れこみ、下流の砺波平野に大洪水をひきおこした。

この1万年ほどのあいだに22回以上の噴火がおきている。小さな水蒸気噴火が多いが、大きな噴火もおきている。

信仰の山 白山は、その神々しい姿や、田畑をうるおす豊かな水の源であることなどから、人々の信仰を集めてきた。ふもとの白山比咩神社がその信仰の中心となってきた。

恐竜の化石 白山の山体のほとんどは、手取層群という1億数千万年前の地層の上に乗っている。恐竜の化石の産地として世界的に有名な地層だ。恐竜渓谷ふくい勝山ジオパークの福井県立恐竜博物館では、発掘された化石がみられる。

白山比咩神社（石川県白山市） 白山のふもとにあり、奈良時代に創建されたと伝えられる。白山そのものを神さまとしてまつる神社で、多くの参拝客がおとずれる。

おもなできごと

- 40〜30万年前 ● 火山活動が始まる。
- およそ5000年前 ● 御前峰が山体崩壊。岩なだれが庄川に流れこみ、下流の砺波平野に大洪水をひきおこす。
- 1554〜56年 ● 噴火で小さな火砕流が発生。噴石もおこる。
- 1579年 ● 噴火。噴石が発生し、火山泥流がおこる。

くらしに役だつ軽石

火山の爆発的な噴火でふき出す軽石は、体を洗うのに使われるほか、意外なところでくらしに役だっている。ここでは建物に使われる大谷石や、園芸に使われる鹿沼土と呼ばれる軽石をみてみよう。

旧帝国ホテル 現在は博物館明治村（愛知県）に移設されている。

▲ 大谷石

大谷石はおよそ1500万年前よりもやや古い時代に、海底での火山活動によってできた。ねばり気の強いマグマからできた軽石や火山灰がかたまったものである。古くから倉庫や石塀などの材料として利用されてきた。大正時代にできた帝国ホテル（東京都）の玄関にも使われた。栃木県宇都宮市大谷のあたりでよくとれるので、この名がある。

大谷石の切り出し場 やわらかい軽石の集まった凝灰岩なので、ほかの石材にくらべて掘り出しやすかったことも、広く使われた理由だ。

大谷石はやわらかくて加工しやすい。それに火にも強いので、さまざまな建物に使われてきたんだ。

▲ 鹿沼土

鉢植えなどに使う土として見たことがあるかもしれない。この土は、およそ3万2000年前におこった赤城山（群馬県）の爆発的な噴火でふき出した軽石である。このときの軽石は、50kmほどはなれた栃木県鹿沼市のあたりに1m以上もつもった。現在、それが掘り出されて利用されているのだ。

こまかな穴がたくさんあいているので、水をたくわえられる。それに空気がよく通るから、園芸用の土にむいているんだ。

赤城山 50万年ほど前に活動を始めた火山で、110の活火山のひとつに認定されている。地元の群馬県の人々にたいへん親しまれている山だ。

噴火と観光が深くつながる島

伊豆大島

東京都

成層火山　カルデラ　中央火口丘　スコリア丘　マール　溶岩流　火山灰/軽石　火山弾　火山泥流

空から見た伊豆大島。貝のカキの殻をふせたような形だ。この形は、島のほとんどがねばり気の弱い玄武岩の溶岩でできているためだ。

三原山

波浮港

標高／758m
おもな岩石／玄武岩・安山岩
ハザードマップ／○

　伊豆大島は東京の南西およそ110kmの太平洋の中の火山島だ。4～3万年前の海底での火山活動がそのはじまりで、100～200年ごとに爆発的な噴火をくりかえして大きくなってきた。

　昭和時代の噴火をはじめ、10回をこえる噴火の記録のある危険な火山である。しかし、島の人々は火山のめぐみをいかして、たくましくくらしてきた。

全島民が避難した噴火

　1986（昭和61）年11月15日のこと。伊豆大島のほぼまん中にある三原山の火口から、溶岩のしぶきが飛びちるストロンボリ式噴火が始まった。直径約400mの火口はやがて溶岩でいっぱいになり、何筋かの溶岩があふれ出した。このようすはテレビで全国に中継され、噴火をひと目見ようと、たくさんの観光客がおしかけた。

　ところが11月21日午後になると、さかんに地震がおこりはじめた。そして午後4時15分ごろ、こんどは三原山の山腹からふもとにかけて割れ目ができ、溶岩がふき出した。高々と上がった噴煙は高度16kmにも達し、スコリア（黒い軽石）や火山灰が地上に降りそそいだ。

　さらに北西の地点からも噴火が始まり、溶岩流が市街地のほうへと流れ始めたため、およそ1万人もの島民全員が島の外へ避難することとなった。溶岩流は幸いにも市街地の手前で止まったが、島民の方々は東京でおよそ1か月の避難生活をすることになった。

1986年の噴火　三原山の山頂から噴火した後、山腹から溶岩がふき出した。

おもなできごと

4〜3万年前	このころまでに火山活動が始まる。
9世紀	マグマ水蒸気噴火で島の南東部に火口がひらく。のちに水がたまり、波浮の池となる。
1684〜85年?	噴火で溶岩が海に流れこみ、スコリア（黒い軽石）が降る。畑や山林が火山灰で埋まる。
1777〜86年ごろ	噴火でスコリアが島じゅうに降る。溶岩が海まで流れ、畑や家々に火山灰の被害。
1950〜51年	噴火で溶岩流が流れ、火山灰も降る。
1986年	噴火で溶岩流が流れ、全島民およそ1万人が島外へ避難。

噴火と津波がつくった港

このように噴火をおこすと危険な島ではあるが、伊豆大島が火山活動から受けてきためぐみははかり知れない。そのひとつが島の南側にある波浮港である。この港は噴火と津波でつくられたものなのだ。

平安時代の9世紀、いまの波浮港のあたりでマグマ水蒸気噴火がおき、丸い火口ができた。この中に水がたまって波浮の池となった。

そして江戸時代の1703年、関東地方が巨大な地震にみまわれ、津波が伊豆大島をおそった。その波によって、陸地にあった波浮の池が海とつながった。

このカギ穴のような地形は天然の港として使われ、さらに港の入口を広げるための工事もおこなわれた。切りたった岸壁にかこまれ、外洋の波が入ってきにくいこの港は、暴風から避難してふたたび船をだすための「風待ちの港」としてさかえたという。

波浮港 現在も漁船や貨物船が利用している。

津波で陸がけずられた部分

噴火でできた火口

滑走台 1935（昭和10）年につくられ、太平洋戦争のときに撤去されてしまった。

浜の湯 町営の露天風呂で、島の人々の疲れをいやしている。

溶岩灰皿 おみやげとして販売され、島の人々のお小づかいかせぎになったという。

火山がつくった観光の島

島には表砂漠と呼ばれる場所がある。かつては火山灰やスコリアがつもって、砂漠のような景色になっていたのだ。ここでは昭和時代のはじめごろから、ラクダに乗ってまわるツアーもよおされ、斜面をすべり降りる滑走台ももうけられて名物となった。

しかし、1950〜51（昭和25〜26）年の噴火で溶岩が流れこんだために、岩石砂漠のような景色になってしまった。この噴火のときには、島民はおとなも子どもも溶岩流に木を突きさしては、冷やしかためて灰皿をつくった。また、1986年の噴火では、マグマの熱で地下水があたたまり、浜の湯温泉となった。

現在、伊豆大島の全域は伊豆大島ジオパークとなっている。三原山の火口や、噴火でつもった地層の大切断面（35ページを見よう）などが見どころだ。

●伊豆大島ジオパーク　http://www.izu-oshima.or.jp/geopark/

三宅島

東京都

全島民が避難した2000年の噴火

雄山

標高／775m
おもな岩石／玄武岩・安山岩
ハザードマップ／○

　東京の南およそ180kmの海上にある、ほぼ丸い形の火山島だ。記録からわかるだけでも、少なくとも15回の噴火があり、昭和時代からは20年ほどのあいだをあけて噴火をくりかえしている。

予測がつかなかった噴火

　三宅島の最近の大きな噴火は2000（平成12）年におこった。6月26日の夕方から地震がさかんにおこり、まもなく島民の避難が始まった。地震が始まってから数時間で噴火してしまうというのが、三宅島のこれまでの噴火のパターンだったからだ。

　しかし噴火は始まらず、翌日には海面に白や茶色の変色水がみられた。後からわかったことだが、このとき三宅島のマグマは、地下を通ってマグマだまりから島の外へと移動中だった。その中のわずかなマグマが海底で小さな噴火をおこし、海の色がかわったのだ。

　そして7月8日のこと。島のまん中にある雄山から小噴火がおこり、山頂が落ちこんでカルデラができた。これはまったく予測されていなかったことだった。なぜなら三宅島の地下にマグマが入りこんで、山がもり上がるだろうと考えられていたからである。それがじっさいには、もり上がるどころか、へこんでしまったのだ。

　8月10日になると、噴火は新たな展開を見せた。噴煙が上空8kmまで上がり、毎日のように噴火がくりかえされ、18日にはピークをむかえた。噴煙は上空15kmにも達し、島じゅうに火山灰が降りそそいだ。

2000年噴火後の三宅島
カルデラができたのは、約2500年ぶりのことだった。

カルデラ

おもなできごと

- 2万5000年前　このころまでに火山活動が始まる。
- 1643年　噴火で1村が焼失。多量の火山灰が降る。
- 1712年　噴火で泥水がふき出し、多くの家屋が埋まる。
- 1874年　噴火ででた溶岩が海に流れこみ、新たな陸地をつくる。犠牲者1人、民家45軒に被害。
- 1940年　噴火で溶岩流がおこり、多量の火山灰や火山弾がふき出す。犠牲者11人、けが人20人。
- 1962年　噴火で溶岩流が発生。地震がひんぱんにおこり、学童が島外へ避難。
- 1983年　噴火で溶岩流が発生。住宅約430軒が埋まったり、焼けたりする。
- 2000〜02年　噴火で山頂にカルデラができ、"火砕流"や噴石が発生。雨による泥流もおこる。全島民約3800人が避難。大量の火山ガスがでる。
- 2013年　ごく小さな噴火。

1983年の噴火のようす

阿古地区をおそった溶岩流

さらに29日には低温の"火砕流"もおこった。

当初、噴火がすぐにはおこらなかったことから、いったんは避難指示が解除されていた。しかし、このような状態では、もっと強い火砕流がおこる可能性もあったため、およそ3800人の全島民にあらためて避難指示がだされた。

なお、この噴火では、有毒な二酸化硫黄をふくむ火山ガスが大量にふき出し、遠く中部地方の岐阜県、愛知県などでも環境基準を超える二酸化硫黄(亜硫酸ガス)が検出された。このため島民の方々の避難生活は4年5か月にもおよんだ。ようやく島にもどった後も、2013(平成25)年7月までは、ガスマスクを持ち歩かなければならなかった(37ページも見よう)。

集落をおそった溶岩流

三宅島は1983(昭和58)年にも大きな噴火をおこしている。雄山のふもとの割れ目から噴火がおこり、まるで火のカーテンのように溶岩をふき上げた。

あふれた溶岩は山腹を流れくだり、島の最大の集落・阿古地区に達して、およそ430軒の家々を焼いたり、埋めたりした。また、噴火でふき出した火砕物が、島の東側の集落に数cm〜10数cmもつもり、家々や田畑、山林に大きな被害をもたらした。

温泉のめぐみ

三宅島にはもちろん火山のめぐみもある。そのひとつが島の西側にある温泉「ふるさとの湯」である。夕日をのぞむことのできる露天風呂が人気だ。

また、島には自然のままの森林が残されていて、野鳥が豊富なことから、「バードアイランド」とも呼ばれている。天然記念物のアカコッコをはじめ、数多くの野鳥をみることができる。

ふるさとの湯　海をのぞむことのできる露天風呂だ。

伊豆・小笠原諸島

黒曜石を産み出した島

神津島（こうづしま）
東京都

天上山

標高／572m
おもな岩石／流紋岩
ハザードマップ／―

平安時代の大噴火

島のほとんどが、ねばり気の強い流紋岩でできている。マグマのねばり気が強いと、マグマの中に火山ガスの泡がたまりやすくなり、爆発的な噴火をおこす。また、ねばり気の強い溶岩がその場でもり上がり、溶岩ドームをつくる。

平安時代の838年におこった噴火が、まさにそのようなものだった。写真の天上山のあたりで噴火がおこり、火砕流が海へと流れくだった。風に乗った火山灰は、遠く近畿地方にまで達した。さらに溶岩がもり上がって溶岩ドームができた。これが天上山である。

このとき以来、およそ1200年にわたっておだやかな状態が続いているが、今後、噴火がおこったら、はげしいものになる可能性があるとみられている。

黒曜石の島

島では黒曜石がとれる。黒曜石は天然のガラスで、割れると鋭くとがる。そのため旧石器時代のヤリの先などに使われた。

黒曜石は流紋岩のマグマからできている。流紋岩のマグマはすばやく冷えると、ガラス質になりやすい。いっぽうで、少しゆっくり冷えると流紋岩になる。

神津島の黒曜石は数万年前の噴火でできたとみられ、3万年以上前から使われていた。おそらくカヤックのような舟で海をこえ、関東地方はもちろんのこと、山梨県や長野県あたりにまではこばれたのである。

神津島には温泉もある。これも火山のめぐみである。自然の岩場をいかした露天風呂が人気で、登山や釣りにおとずれる観光客の疲れをいやしている。

神津島産の黒曜石の石器 黒曜石をうすくはがした、細石刃と呼ばれる石器。刃として、ヤリの先などに埋めこまれた。長野県の遺跡から見つかったもので、1万7000年ほど前につくられたとみられる。

おもなできごと

- 10万年？前 火山活動が始まる。
- 数万年前 このころ黒曜石ができる。
- 838年 噴火で火砕流がおこり、海まで達する。溶岩ドーム（いまの天上山）ができる。

島にある黒曜石のモニュメント

神津島産出 黒曜石 OBSIDIAN

新島
溶岩ドーム　火砕流　火山灰/軽石　溶岩流

八丈島
成層火山　カルデラ　中央火口丘　スコリア丘　火山弾　火山灰/軽石　溶岩流

新島（東京都）

標高／432m
おもな岩石／玄武岩・流紋岩
ハザードマップ／ー

溶岩ドームの集まり　10をこえる火山が集まってできている島だ。それらはすべて1回の噴火でできた火山（単成火山）で、ほとんどが、ねばり気の強い流紋岩からなる溶岩ドームである。島の両側にそれぞれ大きな溶岩ドームがあり、まん中の平らな台地に人々がくらしている。この台地は平安時代におこった最新の噴火でできたものだ。

めったに噴火をおこさない火山だが、ひとたび噴火すると、はげしい火砕流をおこす可能性が高いとみられている。

抗火石　新島では抗火石という石がとれる。マグマがかたまった軽石の一種で、よくあわだっているので、のこぎりで切れるほどやわらかい。待ち合わせ場所として有名な東京・渋谷駅の「モヤイ像」は抗火石でできている。また、その名のとおり火に強く、江戸時代から建築材料に使われてきた。

抗火石からはガラスもつくられる。新島ガラスといって、石にふくまれる成分によってオリーブ色になるのが特徴だ。

モヤイ像（東京・渋谷駅前）

新島ガラスのコップ

おもなできごと

- 1万年前　このころ火山活動が始まる。
- 1600年前　このころまでに10以上の単成火山ができる。
- 886〜87年　噴火で火砕サージがおこり、いちばん新しい単成火山（向山溶岩ドーム）ができる。

八丈島（東京都）

東山（三原山）
西山（八丈富士）

西山の噴火　西山・東山という2つの成層火山からなる島だ。西山はゆるやかな円すい形の山で、その形の美しさから八丈富士とも呼ばれる。よく見ると、わずかに肩が張り出した形をしているが、これはいったんカルデラができた後、噴火がおこってカルデラのへこみを埋め、さらに成長したからだとみられる。東山はひとつの山に見えるが、じっさいにはいくつもの火山が噴火をくりかえすなどして、かたちづくられてきたために、複雑な形をしている。

古文書に噴火が記録されているのは西山だけだ。室町時代の1487年に噴火し、島じゅうがききんになったとされる。江戸時代の1605年には噴火でスコリア（黒い軽石）がふき出し、田畑に大きな被害がでたという。2002（平成14）年には、西山の真下にマグマが入りこんだとみられる地殻変動がおこり、噴火するのではないかと警戒された。

地熱発電　島内には八丈島地熱発電所があり、ふつうの家およそ1100軒分の電力をまかなうことができる。

ひょうたん形の島　島はひょうたんのような形をしており、50年ほど前の人形劇「ひょっこりひょうたん島」のモデルになったとも言われる。

標高／854m
おもな岩石／玄武岩・安山岩・デイサイト
ハザードマップ／ー

八丈島地熱発電所

おもなできごと

- 14万年以上前　東山の火山活動が始まる。
- 4000年前　このころまでに東山がかたちづくられる。
- 1万年前　このころ西山の活動が始まる。
- 1487年　西山が噴火する。
- 1605年　西山が噴火し、スコリアや溶岩流をふき出す。

伊豆・小笠原諸島

青ヶ島 成層火山 カルデラ 中央火口丘 スコリア丘 山体崩壊 火山弾 溶岩流 火山灰/軽石

硫黄島 → カルデラ 中央火口丘 スコリア丘 火山灰/軽石 溶岩流

青ヶ島（東京都）

丸山／池の沢火口

標高／423m
おもな岩石／玄武岩・安山岩
ハザードマップ／−

江戸時代の悲劇

東京から南に約360kmの海上にある火山島だ。高さ約1100mの海底火山の頂上が突き出ている。ひときわ目をひくのが池の沢火口だ。直径1.6km、深さ300mもあり、2000年ほど前までにできたとみられる。

池の沢火口のあたりでは、江戸時代の1780年〜85年に大きな噴火がおこった。そのピークが1785年の噴火で、熱い噴石が降りそそぎ、泥水がふき出した。およそ330人の島民は、となりの八丈島へ逃げようとしたが、助けにきた船の数が足りずに、およそ130人が命をおとした。なお、この噴火で、火口の中にスコリアなどがつもってできたのが丸山である。

地熱のめぐみ

島には「ひんぎゃ」と呼ばれる、熱い水蒸気のふき出す穴がたくさん開いている。電気がない時代には料理に使われたり、暖房に利用されたりした。このひんぎゃをいかしたのが地熱釜で、イモや卵をふかして食べることができる。また、ひんぎゃを利用したサウナもつくられている。

地熱釜／ふかしたサツマイモ

おもなできごと

- 3500年前　このころまでに山体がほぼかたちづくられる。
- 1783年　噴火で噴石が降り、7人が犠牲に。60戸以上の家々が焼失。
- 1785年　噴火で噴石や溶岩流が発生し、約130人が犠牲に。島はこのときから50年以上、無人島に。

硫黄島（東京都）

釜岩

標高／169m
おもな岩石／粗面岩・粗面安山岩*
ハザードマップ／−

もり上がる島

東京から南に約1200kmの海上にある火山島だ。ここには高さ2000mの大きな火山の山頂にカルデラがあり、その中にまた小さな火山がある（中央火口丘）。その小さな火山が少しだけ海の上にでているのが硫黄島だ。

硫黄島の目だった特徴は、世界的にもめずらしいスピードで島がもり上がり続けていることだ。1911（明治44）〜52（昭和27）年には年間11cm、1952〜75（昭和50）年には年間約30cmものもり上がりが観測された。このもり上がりによって、かつての海岸線のあとが標高10mのところにあったりする。

記録に残っている噴火のほとんどは水蒸気噴火であるが、土地のもり上がりは地下のマグマの動きと関係しているだろう。

港のない島

硫黄島には自衛隊の基地があるが、島がもり上がり続けているため、港がつくられていない。このため自衛隊が島に貨物をはこぶときには、船を沖合にとめ、そこから艀と呼ばれる平らな底の船に貨物をうつしかえた上ではこび入れている。

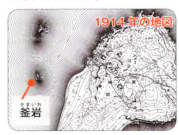
1914年の地図／釜岩

1987年の地図／釜岩とつながった砂浜が広がった

おもなできごと

- 2700年前　海底噴火でかたちづくられる。
- 1889年か90年　水蒸気噴火で火口ができる。
- 1922〜99年　13回の水蒸気噴火。
- 2001〜12年　4回の水蒸気噴火。

*粗面岩とは、ナトリウムやカリウムの多い岩石で、流紋岩のようにねばり気が強いマグマになる。

陸地を広げた西之島

東京の南およそ940kmの海上にある西之島の沖合に2013（平成25）年、新しい島ができて大きなニュースになった。この島は噴火をくりかえして成長し、ついには西之島をのみこんだ。およそ2年にわたる噴火で、島の面積は約13倍に広がった。

▲ 新しい島が生まれた！

2013年11月20日・海上保安庁撮影

西之島の南東300mの沖合に新しい島が誕生していることが確認された。海底の噴火（マグマ水蒸気噴火）で、マグマが冷えてできた岩が重なり、海上に顔をだした。

▲ 西之島とつながった

2013年12月28日撮影

噴火はしだいにおだやかなものにかわった。溶岩もたくさん流れ出し、島はだんだん大きくなっていった。1か月ほどすると、西之島とつながってしまった。

▲ 西之島をのみこんだ

2014年12月25日撮影

島はさらに成長を続け、ついには前からあった西之島をほとんどのみこんだ。ときどき小爆発がおこり、火山弾が火口から飛び出す噴火（ストロンボリ式噴火）が続いた。

▲ 新しい西之島ができあがった

2015年11月17日撮影

火口からでた火山弾やスコリア（黒い軽石）がまわりに降りつもり、すり鉢をふせたような形のスコリア丘ができた。面積約0.2km²だった島は、約2年で約2.6km²に成長した。

別府温泉のみなもと
鶴見岳・伽藍岳
大分県

標高／1375m
おもな岩石／安山岩・デイサイト
ハザードマップ／○

　日本でも指折りの温泉街・別府温泉のみなもとになっている火山である。平安時代に噴火をおこして以来、およそ1200年間にわたって、おだやかな状態が続いている。

　ただ、人間でいえば幼稚園児くらいの若い火山で、ときおり噴気をさかんにふき出すこともあるため、注意が必要だ。

まだ若い火山

　「鶴見岳・伽藍岳」という名前で活火山に認定されているが、べつべつの火山ではなく、上の写真のようなひとまとまりの火山である。大分県の別府の街の背後に、およそ5kmにわたってつらなる溶岩ドームや成層火山の集まりだ。

　6万年以上前に鶴見岳の活動が始まり、3万年前ごろから溶岩をふき出す噴火をくりかえした。1万1000年ほど前に誕生したのが伽藍岳である。

　最近では、奈良時代の771年と、平安時代の867年に、伽藍岳で水蒸気噴火がおこり、火山泥流が発生した。

火山がつくった扇状地

　上の写真をもういちどみてみよう。鶴見岳のふもとのあたりから、なだらかな斜面が扇のように広がっているのがわかるだろう。

　これは鶴見岳の活動によってつくられた扇状地だ。こまかくくだけた鶴見岳の溶岩などが、川の水や土石流によってはこばれ、ふもとにでて広がった。土砂は長い時間のあいだに50mから300mもの厚さにたまり、なだらかで広い斜面をかたちづくった。

　温泉で有名な別府の市街地は、この扇状地の上に乗っている。

別府の街の湯けむり

おもなできごと

- 6万年以上前 ● 鶴見岳の火山活動が始まる。
- 1万1000年前 ● 伽藍岳が誕生する。
- 771年 ● 伽藍岳で噴火。火山泥流がおこる。
- 867年 ● 伽藍岳で噴火。火山泥流がおこり、噴石も飛ぶ。
- 1949年 ● 鶴見岳がさかんに噴気を上げる。
- 1974～75年 ● 鶴見岳がさかんに噴気を上げる。
- 1995年 ● 伽藍岳で熱い泥水をたたえた噴気孔(泥火山)ができる。

わき出す温泉の量は日本一

別府温泉は、鎌倉時代の元寇のときに、傷ついた武士が休養におとずれたとされる、歴史の古い温泉だ。2200以上の源泉から、あわせて1分間あたり83tものお湯がわき出している。源泉の数、お湯の量ともに日本一の温泉だ。

扇状地の上から山の中腹にかけて、「別府八湯」と呼ばれる8つの温泉街がある。あわせて300軒をこえるホテルや旅館が立ちならび、年間およそ880万人もの人々がやってくる。韓国・中国など、アジアの国々からの観光客も多い。

お湯につかるだけでなく、見て楽しむ温泉もある。それが血の池地獄、海地獄などの8つの温泉だ。

血の池地獄や海地獄は独特の色をしている。これはお湯にふくまれる鉄分などの成分によるものだ。また、鬼石坊主地獄は熱い泥が沸騰する温泉だ。そのようすが坊主頭に似ていることから、この名がついた。

血の池地獄

海地獄

鬼石坊主地獄

龍巻地獄

一定の時間がたつとお湯をふき上げるのが龍巻地獄である。このような温泉は間欠泉と呼ばれる。

これらの温泉を見てまわることを「地獄めぐり」という。また、温泉の蒸気を利用して、野菜や魚などを蒸して料理する「地獄蒸し」もある。

別府の街の銭湯もほぼすべてが温泉で、地元の人々の疲れをいやしている。自宅に温泉をひいている家もある。

竹瓦温泉　1879(明治12)年から営業している歴史の古い銭湯だ。

地獄蒸し　98℃の温泉の蒸気で野菜や魚貝を蒸して食べる。

九州・沖縄

カルデラの中に4万5000人がくらす

阿蘇山
熊本県

カルデラ／中央火口丘／成層火山／スコリア丘／火砕流／火山灰・軽石／噴石／火山弾／火山ガス／溶岩流

中岳　高岳

標高／1592m
おもな岩石／玄武岩・安山岩・デイサイト・流紋岩
ハザードマップ／○

　九州のほぼまん中にある、噴火でできた巨大なへこみ（カルデラ）と、その中にある火山をまとめて阿蘇山という。カルデラの中には3つの市町村があり、およそ4万5000人もの人々がくらしている。市街地や畑が広がり、牛や馬が放牧され、鉄道まで敷かれているのだ。世界でも指折りのカルデラであり、日本を代表する火山のひとつである。

超巨大噴火でできたカルデラ

　阿蘇カルデラは南北の直径約25km、東西の直径約18kmもある巨大なへこみだ。へこみのへりの崖は300mをこえるところが多い。ちなみに東京タワーの高さは333mだから、東京タワーくらいの高さの崖が何十kmも続いているのである。
　この巨大なへこみは、27万年前から9万年前におきた4回の超巨大噴火によってできた。ほぼ同じとこ
ろで超巨大噴火がくりかえされ、地下にあった大量のマグマがぬけたために、これほどの大きさにわたって地面がへこんだのである。
　とりわけ9万年前におきた4回目の超巨大噴火がもっとも大きなものだった。巨大な火砕流が発生し、九

9万年前の超巨大噴火

火山灰 0cm　火山灰 15cm
火砕流が達した範囲

おもなできごと

- 27〜9万年前　4回の超巨大噴火で阿蘇カルデラができる。
- 7万年前　このころから中岳、高岳などの中央火口丘がかたちづくられる。
- 1816年　湯の谷で水蒸気噴火。噴石で1人が犠牲に。
- 1854年　中岳が噴火。3人が犠牲に。
- 1872年　中岳が噴火。数人が犠牲に。
- 1953年　中岳が噴火。噴石で観光客6人が犠牲に。けが人90人以上。火山灰で農作物に被害。
- 1958年　中岳が噴火。噴石で犠牲者12人、けが人28人。
- 1979年　中岳が噴火。小さな火砕流がおこり、犠牲者3人、けが人11人。
- 1989年　中岳が噴火。噴石がおこり、火山灰が降る。この年7月から翌1990年12月まで噴火が続く。
- 2015年　中岳が噴火。火山灰が降り、小さな火砕流がおこる。
- 2016年　中岳が噴火。噴石が飛び、火山灰が降る。

中岳のようす　日ごろからさかんに噴気を上げている。

2016（平成28）年10月の噴火　1980（昭和55）年以来、36年ぶりの爆発的噴火だった。

州本島のほとんどは火山灰や軽石で埋めつくされた。おそらく九州本島は、どこにも人間が住めないような荒れ地になった。このときの火砕流は、海をへだてた山口県にも達している。火山灰は遠くはなれた北海道でも、15cm以上もつもっていることがたしかめられている。

このような超巨大噴火をおこす火山を「スーパーボルケーノ」と呼ぶ。阿蘇山は日本を代表するスーパーボルケーノなのだ。

その後、カルデラの中には水がたまって湖となったが、7万年前〜5万年前に断層（地層のずれ）ができてカルデラのへりが切れ、そこから水が流れ出た。

また、やはり7万年前ごろから、カルデラの中で溶岩やスコリア（黒い軽石）をふき出す噴火がくりかえしおこり、阿蘇山の最高峰の高岳や、いまもさかんに噴気を上げている中岳などがかたちづくられた。このようにカルデラや火口のなかにふき出した火山を中央火口丘という。

活発な活動を続ける中岳

記録に残っている阿蘇山の噴火は、ほとんどが中岳のものである。鎌倉時代に13回、室町時代に18回、安土桃山時代〜江戸時代に40回、明治時代〜大正時代に17回の噴火が、それぞれ記録されている。

昭和時代に入ってからは、1953（昭和28）年と1958（昭和33）年の噴火が大きな災害となった。1953年の噴火では、噴石が数百mの高さにふ

1953（昭和28）年の噴火　阿蘇山をおとずれていた修学旅行生たちが避難している。

中岳の火口　生きている地球のようすが間近に見られる。

米塚　2016(平成28)年の熊本地震で少し形がかわった。

き上がり、観光でおとずれていた6人が犠牲になった。1958年の噴火でも噴石が発生し、大量の火山灰が降った。このときには12人が命をおとした。また、1979(昭和54)年には、爆発的な噴火で大量の噴石が降り、観光客3人が亡くなった。

ごく最近では、2015(平成27)年9〜12月や、2016(平成28)年10月に噴火がおきている。2016年の噴火では、噴煙が上空11kmまで立ちのぼり、噴石が火口から1km以上もはなれたところに飛んだが、幸いなことにけが人はなかった。

生きている地球を感じられる場所

阿蘇山のあたりは現在、阿蘇ジオパークとなっている。じっさいに火山をみて、阿蘇の大地のなりたちや、阿蘇山とくらしとのかかわりを学ぶことができるのだ。

ぜひ見ておきたいジオサイト(ジオパークの見どころ)は中岳の火口である。活動がおだやかなときには、火口のすぐ近くまで車でおとずれることができる。エメラルドグリーンの湯だまりから、火山ガスが立ちのぼるようすは圧巻だ。地球が生きていることを肌身で感じることができるのだ。

また、米塚もぜひおとずれたい。まるで人がつくったような独特の形は、3000年ほど前の噴火でスコリア(黒い軽石)が降りつもってできた。高さ80mほどの小さな山だが、れっきとした火山である。

阿蘇カルデラを見わたすには、カルデラの北のへりにある大観峰の展望台がベストである。巨大なカルデラと、その中に後からできたいくつもの火山を見ることができる。

豊富な温泉とわき水

阿蘇カルデラやそのまわりには、たくさんの温泉がある。垂玉温泉、湯の谷温泉、地獄温泉(いずれも南阿蘇村)など、その数は30か所をこえており、多くの観光客がおとずれる。

白川水源　阿蘇を代表する湧水だ。

南阿蘇白川水源駅　2016(平成28)年の熊本地震をのりこえて復旧した。

豊富なわき水も阿蘇山のめぐみだ。38ページでもお話ししたが、火山の中にはすき間がたくさんあるので、まるで巨大なスポンジのように水をためこむことができる。阿蘇の山上の年間降水量は平均で3250mmで、これは全国平均のおよそ2倍もの量だ。雨水の多くは火山にしみこみ、長い年月をかけて浄化され、やがて地上へとわき出してくるのだ。

阿蘇山とそのまわりには1500か所をこえる湧水がある。中でも白川水源は、国が選定した「名水百選」のひとつで、1分間におよそ60tもの水がわき出ており、水を持ちかえる人や、水遊びをする人でにぎわっている。この湧水は「南阿蘇白川水源駅」という駅の名前にもなっている。

鉄道の駅では「南阿蘇水の生まれる里白水高原駅」という駅もある。これも湧水にちなんだ名前で、日本一長い駅名として有名だ。

なお、これらの湧水は、2016（平成28）年4月におきた熊本地震で、被災者の方々の命をつなぐ飲料水となった。

🐄 牛馬をはぐくむ草原

阿蘇カルデラの中には草千里ヶ浜と呼ばれる草原があり、牛や馬が放牧されている。この平らな草原はじつは火口で、その大部分は3万年前におこった噴火で

阿蘇の温泉 カルデラの中のすべての市町村に温泉がある。

草千里ヶ浜 東京ドーム約17個分の広さの草原が広がる。

かたちづくられた。

その美しい景色を見に、多くの人々がおとずれる。ここでは、馬に乗って草千里ヶ浜を1周できる「引き馬乗り」が名物となっている。

九州・沖縄

もっと知りたい！阿蘇山

阿蘇ジオパークの拠点となっているのが阿蘇火山博物館（阿蘇市）である。2016（平成28）年の熊本地震で被害を受けたが、それをのりこえて営業を再開した博物館だ。

この博物館の最大の目玉は、中岳の火口をのぞくことのできるカメラだ。このカメラは自分で上下左右に動かすことができ、ズームもできる。2016年の地震と噴火のために故障してしまっているが、復旧に向けて作業が進められている。

阿蘇火山博物館

カルデラをみてみよう

前のページで見た阿蘇カルデラは、世界でも有数のカルデラだ。カルデラは、噴火でできた巨大なへこみである。地下のマグマがふき出した後に、マグマだまりの天井が落ちこんで地面がへこむのである。へこんでいても火山と呼ばれるのが、おもしろいところだ。

ここでは北海道の洞爺カルデラと、鹿児島県の姶良カルデラをみてみよう。

洞爺湖（北海道洞爺湖町・壮瞥町）北海道でも指折りの観光地で、湖畔には洞爺湖温泉街がある。また、洞爺湖と有珠山を中心にしたエリアは、洞爺湖有珠山ジオパークとなっている（62ページも見よう）。

▲ 洞爺カルデラ

北海道にあるカルデラで、ふつうは洞爺湖と呼ばれる。直径約10km、水深は最大で179mの、まるい形をした湖だ。およそ11万年前におきた超巨大な噴火でできたへこみに、水がたまって湖になったのだ。

この噴火ででてきたマグマの量は170立方kmというとてつもないもので、これはいくつもの火山が集まった霧島山（136ページ）2個半くらいの量にあたる。

ふき出したマグマは火砕流となって広がり、数十mの厚さでつもったため、谷や山のデコボコはならされ、平らな土地となった。

湖のまん中に浮かぶ4つの島は、まとめて中島と呼ばれている。これらはおよそ5万年前におこった噴火で、スコリア（黒い軽石）が降りつもってできたスコリア丘と、ねばり気の強い溶岩がもり上がった溶岩ドームである。

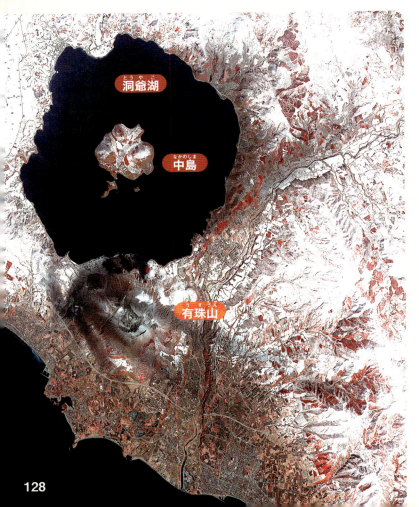

これだけ大きなカルデラができる超巨大噴火は、日本では1万年に1回くらいの割合でおこる。こうした超巨大噴火のしくみを解き明かすための研究がいま、進められているんだ。

衛星からみた洞爺湖 写真の下のほうに見える市街地とくらべると、どれだけ巨大なへこみなのかがよくわかる。湖岸にもり上がって見えるのが有珠山（58ページ）だ。

錦江湾

桜島

南北約23km、東西約24kmにおよぶ巨大なへこみ。ふつうは錦江湾と呼ばれる。カルデラの入り口をふさぐようにそびえているのが桜島だ。

火砕流とシラス台地

姶良カルデラ
シラス台地（黒い部分）
火砕流が流れた範囲

▲ 姶良カルデラ

　およそ2万9000年前の超巨大な噴火でできたカルデラだ。噴火でふき出したマグマが、火砕流となって数十km先まで広がり、九州南部を火山灰や軽石で埋めつくした。この火山灰や軽石の量は小学校のプール10億杯分にもなる。それだけのマグマがぬけてへこんだところに、海水が流れこんで錦江湾となった。

　火山灰や軽石が数十mの厚さでつもってできたのが「シラス台地」だ。シラス台地は水を通しやすく、ためておくことができないので、水田には向かないが、水はけのよい土地をこのむサツマイモがさかんにつくられ、鹿児島県は日本一のサツマイモの産地になった。さらに、このサツマイモをえさにまぜて育てられる黒豚も、鹿児島県の特産品になっている。

サツマイモの収穫
台風の多い鹿児島では、地下の作物なので、風に強いこともつごうがよかった。

黒豚
肉がやわらかく、さっぱりした味わいが人気を集めている。

シラス台地（鹿児島県垂水市）
火山灰や軽石が厚くつもってできた。右下に立っているぼくとくらべると、どれだけの厚さがよくわかるだろう。

火砕流をおこした平成噴火

雲仙岳
長崎県

成層火山　溶岩ドーム　火砕流　山体崩壊　溶岩流　火山泥流　火山灰/軽石　火山弾　噴火津波

普賢岳
眉山

標高／1483m
おもな岩石／安山岩・デイサイト
ハザードマップ／○

雲仙岳は、普賢岳や眉山をはじめとする、いくつもの火山の集まりだ。1991（平成3）年に普賢岳の噴火で火砕流がおこり、43人もの人々が命をおとした。戦後2番目の大きさの火山災害となってしまったのだ。

また、江戸時代の1792年には眉山が大きくくずれ（山体崩壊）、大量の砂が海に流れこんで津波をひきおこした。1万5000人もの人々が犠牲になった。これは記録に残る日本最大の火山災害である。

いっぽう、雲仙岳では、湧水や温泉といった火山のめぐみもゆたかである。雲仙岳のあたりは島原半島ジオパークに認定されており、じっさいに山々や災害のあとを歩きながら、火山について学ぶことができる。

戦後2番目の火山災害

1991（平成3）年6月3日。この日、普賢岳のふもとの「定点」と呼ばれる場所には数十人の人々がいた。その多くはテレビ局や新聞社の記者で、ほかに消防団員やタクシーの運転手、そして3人の火山学者がそこにいた。

普賢岳はこの前の年の1990（平成2）年から噴火を続けていた。あとでお話しする江戸時代の噴火以来、約200年ぶりのことだった。この年の11月に山頂の東側で小さな水蒸気噴火がおこり、さらに91年2月にマグマ水蒸気噴火がおこって以来、活動がさかんになっていた。噴煙がしばしば上がり、5月になると、ねばり気の強い溶岩がその場にもり上がって溶岩ドームとなった。

5月24日に、この溶岩ドームがくずれて小さな火砕流が発生した。熱い火山灰と火山ガスのまじりあった流れが、高速で山を流れくだったのである。「定点」にいた記者や火山学者たちは、新たに火砕流がおこったばあいに、それを映像におさめるために待ちかまえ

ていたのだ。この場所は山の上から流れくだってくる火砕流を深い谷のむこうに見ることができる。火砕流を撮影するにはとてもよい場所だったのだ。

そして6月3日午後4時8分。それまでよりも大きな火砕流が発生した。時速100km以上もの速さで斜面を流れくだり、木々や家々をなぎたおし、さらに定点にいた人々をおそったのである。この高温の火砕流によって、43人もの人々が犠牲になった。2014（平成26）年の御嶽山の噴火（94ページを見よう）に次ぐ、戦後2番目の火山災害になってしまったのだ。

普賢岳はその後も4年にわたって噴火を続けた。溶岩ドームがくりかえしくずれて火砕流が発生し、雨が降ると土石流が何度もおこった。ようやく噴火活動が終わったと正式に発表されたのは、1996（平成8）年6月3日のことだった。

火砕流のおそろしさ

このときの災害によって、「火砕流」という言葉が広く知られるようになった。つまり、それまでは火砕流の熱さや破壊力、そして猛烈なスピードについて、ほとんど知られていなかったのである。これほどの災害になった理由を、東京大学の故・廣井脩教授は「行政も住民も報道関係者も火砕流の怖さを実感しておらず、危機感をもっていなかったことにある」（『火山噴火と災害』東京大学出版会）とふりかえっている。

火砕流は、28ページでもお話ししたように、噴火

流れくだる火砕流 1991（平成3）年5月27日に撮影されたもの。この1週間後に43人が犠牲になった火砕流がおこった。

平成新山 現在（2017年2月）、日本でもっとも新しい山であり、天然記念物に指定されている。

にともなう現象の中で最も危険な現象だ。くだけたマグマや火山灰が、数百℃もの熱い流れとなって、自動車をこえるスピードで流れくだるのである。これにのみこまれてしまったら、家々も森も破壊され、人間や生き物が助かることはない。もし、火砕流がおこりそうだと考えられるようなら、あらかじめ逃げておかなければならない。

このときの火砕流は、噴火でできた溶岩ドームがくずれることでおこった。その溶岩ドームは平成新山と名づけられた。上の写真をみてみよう。新山はごつごつした巨大な岩のかたまりで、植物がほとんど生えていないようすは異様であらあらしい。この大きな溶岩が、噴火当時はすべて800℃近くの高温だったのである。その巨大な熱のエネルギーを想像してみてほしい。

土石流のあと 雨が降ると土石流が流れてきて家々を破壊した。

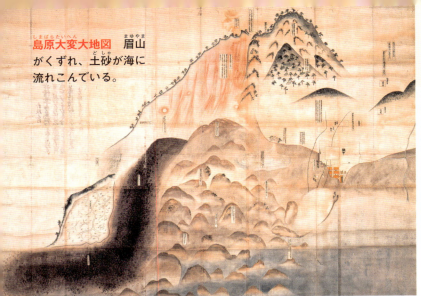

島原大変大地図 眉山がくずれ、土砂が海に流れこんでいる。

九十九島 これらの島々は、後ろに見える眉山の山のかけらである。

噴火津波がおこるまで
❶ 地震がおきる。
❷ 眉山がくずれる。
❸ 津波がおこる。
❹ 津波が対岸をおそう。

なお平成新山は現在、島原半島ジオパークの大きな見どころとなっており、このときの噴火から復興した雲仙の観光の目玉ともなっている。火山のおそろしさは、めぐみにもなるのだ。

火山がおこした大津波

雲仙岳はこの約200年前にも巨大な災害をひきおこした。記録に残る日本最大の火山災害である。

江戸時代の1792年2月のこと。普賢岳のあたりで噴火が始まり、火山灰がふき出した。さらに溶岩が流れ出し、およそ2kmの距離を谷ぞいに流れくだった。

そして5月21日の夕方のこと。突然、大きな地震がおこった。その地震がきっかけで、島原の街の裏手の眉山がくずれた（山体崩壊）。くずれた砂は街を埋め、その先にある有明海に流れこみ、巨大な津波が発生した。高さ10mもの津波が、3回にわたって対岸にある肥後（いまの熊本県）へとおしよせたのである。

噴火津波の方向

おもなできごと

50万年前	火山活動が始まる。
およそ10万年前	このころから普賢岳などがかたちづくられる。
4700年前	普賢岳などで噴火。溶岩ドームができ、火砕流が発生。
およそ4000年前	眉山がかたちづくられる。
1663〜64年	雲仙岳付近で噴火。溶岩流、火山泥流が発生。30人以上が犠牲に。
1792年	雲仙岳で噴火。火山灰が降り、溶岩流が発生。眉山が山体崩壊し、噴火津波がおこる。約1万5000人が犠牲に。
1990〜96年	雲仙岳が噴火。91年には火砕流がおこり、報道関係者ら43人が犠牲に。土石流が発生し、火山灰が降る。平成新山ができる。

　この山体崩壊と津波によって、島原の人々と対岸の肥後の人々、あわせて約1万5000人が犠牲になった。この災害は「島原大変肥後迷惑」と呼ばれている。

　このように火山の山体崩壊によっておこる津波を噴火津波という。たいへん多くの犠牲者をだす災害につながってしまう現象だ。

噴火津波は大災害に

　山というものは動かないもののように思えるかもしれない。しかし、33ページでもお話ししたが、火山はちょっとしたきっかけでくずれてしまうのである。眉山のように地震であったり、磐梯山（76ページを見よう）のように小さな噴火であったり、あるいはねばり気の強い溶岩が火山の地下でふくらんだりというような、いろいろなきっかけで火山はくずれはじめる。そして、くずれた土砂や山のかけらが海に流れこむと、津波をひきおこすのだ。

　ただし、火山の山体崩壊は、ひとつの火山で1万年にいちどくらい（あるいはそれよりも長い期間にいちど）しかおこらない、めずらしいできごとである。

　前のページの右上の写真をみてみよう。有明海に浮かぶ「九十九島」と呼ばれる島々の写真である。島原の街の中にも同じくらいの小山がある。これらは「流れ山」と呼ばれる地形で、眉山の山体崩壊でくずれた山のかけらが水面から顔をだしていたり、小山になったりしているのである。

火山がつくった島原の石垣

　大災害をひきおこしてきた雲仙岳だが、いっぽうで火山のめぐみもゆたかである。

　下の写真をみてほしい。この段々畑の石積みは、雲仙岳の溶岩でできているのである。島原半島にはこうした石積みや石垣があらゆるところにある。溶岩が島原半島の風景をつくりだしているのだ。

　ここで雲仙岳の歴史をかんたんにみてみよう。雲仙岳の活動はおよそ50万年前に始まり、30〜10数万年前にかけて、山々の基礎となる部分がかたちづくられた。その後、およそ10万年前に溶岩ドームである

島原半島の段々畑

段々畑の石積み　雲仙岳の溶岩ドームがくずれた石を利用している。

島原城 建物は昭和時代に復元されたものだが、石垣はほぼ江戸時代につくられた当時のものだ。

島原半島のジャガイモ 甘みのあるおいしいジャガイモだ。

普賢岳、およそ4000年前には、やはり溶岩ドームである眉山がかたちづくられた。

こうした溶岩ドームが雲仙岳にはいくつもある。そのほとんどは、ねばり気の強いデイサイトという溶岩でできている。この溶岩がくだけた石は加工がしやすく、積み上げたり、石垣に組んだりしてもくずれにくいという特徴をもっている。このため、島原ではこの石が古くから石材として使われてきたのだ。江戸時代のはじめごろに建てられた島原城（島原市）の石垣も、やはり雲仙岳の溶岩でできている。

ちなみに、こうした段々畑で多く育てられているのはジャガイモだ。長崎県は、北海道に次ぐ全国2番目のジャガイモの産地で、島原半島は長崎県の中でも収穫量の多い地域である。火山灰の土は水はけがよいので、ジャガイモの栽培にむいている。

それと、ジャガイモはもともと寒い土地の作物なのだが、太平洋戦争後にあたたかい土地でも育つジャガイモの品種が開発され、この地域で広く育てられるようになった。地下にみのる作物だということも、台風の多いこの地域にはつごうがよかった。強い雨風におそわれても、地上の作物ほどには被害がでないのだ。

このように火山の活動と人々のくふうとが、段々畑の風景をつくり、特産のジャガイモを育んでいるのだ。

湧水と島原そうめん

雲仙岳のある島原半島には湧水も多い。とりわけ有名なのは島原市にある島原湧水群である。その多くは、さきにお話しした1792年の噴火のときに群発地震がおこって、わき出したといわれている。

市内に50か所をこえる湧水があり、人々のくらしに利用されている。また、島原市では、水道の水も地下水をくみ上げて使っている。

湧水のめぐみは食品にもいかされている。そのひとつが島原そうめんだ。長崎県は全国2位の生産量をほこるそうめんの産地であり、雲仙岳のふもとのゆたか

島原そうめんづくり 湧水や有明海の塩が使われている。

島原湧水群 街のいたるところにこのような湧水がある。

な水がそうめんづくりをささえてきたのだ。

ゆたかな温泉のめぐみ

雲仙岳のふもとには温泉もたくさんある。島原温泉（島原市）や雲仙温泉（雲仙市）、小浜温泉（同）には、一年をつうじて多くの観光客がおとずれる。

雲仙温泉には「雲仙地獄」というスポットがある。岩だらけの景色の中に火山ガスがもうもうと立ちのぼるようすは、まさに地獄のようである。ガスの温度は最高で約120℃、わき出すお湯の温度は最高で約98℃もある。マグマのエネルギーを目のあたりにできる場所なのだ。

雲仙地獄の名物は温泉卵である。雲仙地獄の噴気で蒸したゆで卵で、「1個食べたら1年長生き。2個食べたら2年長生き。3個食べたら死ぬまで長生き」といわれる人気のおみやげだ。

雲仙地獄　熱い火山ガスがふき出し、温泉がわいている。

温泉卵　火山の噴気で蒸した人気のおみやげだ。

もっと知りたい！雲仙岳

雲仙岳のある島原半島は、その全体が島原半島ジオパークに認定されている。このジオパークの拠点が雲仙岳災害記念館（島原市）だ。「平成大噴火シアター」の映像や、火砕流で焼かれたビデオカメラなどを見ると、火砕流のすごさがよくわかる。また、記念館のサイエンスシアターでは火山実験がおこなわれている。とてもわかりやすいのでおすすめだ。

記念館のほかには旧大野木場小学校被災校舎がある。この学校は1991（平成3）年の9月に火砕流におそわれた。子どもたちは避難していて被害はなかったが、学校は火砕流でこわされてしまった。その校舎がそのまま保存されている。火砕流のすさまじさがよくわかる災害遺構である。

旧大野木場小学校被災校舎

平成大噴火シアター

●島原半島ジオパーク　http://www.unzen-geopark.jp/　　●雲仙岳災害記念館　http://www.udmh.or.jp/

さまざまな火山がみられる
霧島山（きりしまやま）
鹿児島県・宮崎県

標高／1700m
おもな岩石／玄武岩・安山岩・デイサイト
ハザードマップ／○

霧島山は、高千穂峰や韓国岳、新燃岳をはじめとする火山の集まりだ。さまざまな形をもつ20あまりの火山がつらなっており、「火山の博物館」ともいわれる。また、高千穂峰は日本の神話にも登場する。

火山の博物館

上の写真をみてみよう。じつにさまざまな形をした火山が集まっているのがみてとれるだろう。

まん中に大きな火口を開けてそびえている韓国岳は、噴火ででたスコリア（黒い軽石）や溶岩でできている。その奥で噴煙を上げている新燃岳は、溶岩や火山灰が交互につもってできた成層火山である。

すぐ後ろの高千穂峰も成層火山だが、山頂のとんがりは、ねばり気の強い溶岩がもり上がった溶岩ドームである。そのわきに見える御鉢は高千穂峰の中腹からふき出した側火山、大浪池や六観音御池は成層火山の火口に水がたまってできた火口湖だ。また、高千穂峰の5km東にある御池はマールである。

ここに来れば、中学校の理科で習う成層火山や溶岩ドームをはじめ、さまざまな形の火山をみることができるのだ。これほどさまざまな火山がかたまっている場所は世界でもめずらしく、霧島山の一帯は霧島ジオパークに認定されている。

こんな霧島山は、ここ30万年ほどのあいだに何千回も噴火をくりかえし、いまのような形になった。いちばん古い噴火の記録は、奈良時代の742年のものである。これ以来、現在までに60回をこえる噴火が記録されており、そのほとんどは御鉢と新燃岳でおこっている。

とくに奈良時代の788年と、鎌倉時代の1235年におきた御鉢の噴火は大きなもので、いずれも火砕流がおこり、溶岩が流れくだった。また、江戸時代の

●霧島ジオパーク　http://www.mct.ne.jp/users/kiri-geopark/

新燃岳の噴煙 噴煙がはるか東へと流れているのがわかる。2011（平成23）年2月4日に撮影された。

1716〜17年におきた新燃岳の噴火では軽石がふき出し（65ページも見よう）、火砕流もおこった。この噴火で6人が犠牲となり、700軒以上の家々が焼けた。

 2011年の大噴火

そして新燃岳は2011（平成23）年に突然、大きな噴火をおこして人々をおどろかせた。

小さな水蒸気噴火が1月19日に始まり、その1週間後の26日から27日にかけて爆発的な噴火がおこった。噴煙が上空7000mまで立ちのぼり、風に乗った火山灰が宮崎県都城市などに大量に降った。なんと数千万tもの軽石や火山灰がふき出したのだ。

大きな爆発は2月1日にもおこった。この爆発でおこった衝撃波（空震）は遠くまで伝わり、およそ

新燃岳の噴火 高々と上がる噴煙の下のほうで、火山弾が飛んでいるのが見える。2011（平成23）年1月27日に撮影された。

おもなできごと

30万年前	火山活動が始まる。
10万年前	このころから大浪池、韓国岳、新燃岳、高千穂峰、御鉢などがかたちづくられる。
742年	最古の噴火の記録。4日間にわたって噴火。
788年	御鉢が噴火。火砕流、溶岩流が発生。
1235年	御鉢が噴火。火砕流、溶岩流が発生。
1566年	御鉢が噴火。多数の犠牲者がでる。
1716〜17年	新燃岳が噴火。軽石が降り、火砕流が発生。犠牲者6人、700軒以上の家々が焼ける。
1895年	御鉢が噴火。犠牲者4人、22軒の家々に被害。
2011年	1月から3月にかけ、大きな噴火をくりかえす。広い範囲に火山灰が降り、空振で建物の窓ガラスに被害。噴石で車などに被害。

巨大な火山弾 火口から730mほどはなれた山中で見つかった。直径およそ7mもある。

九州・沖縄

えびの高原
新燃岳

10kmはなれた鹿児島県霧島市の市街地でも、建物の窓ガラスが割れ、窓枠がゆがむなどした。

こうした爆発的な噴火が3月1日までのあいだに13回もおこり、大量の火山弾をふき出した。前のページの写真は、その後の調査で見つかった巨大な火山弾である。これだけの大きさのものが、火口から730mもはなれたところまで飛んできていたのだ。このときの噴火のすさまじさがよくわかるだろう。

噴火を予測するむずかしさ

新燃岳で、マグマそのものがふき出す噴火（マグマ噴火。10ページを見よう）がおこったのは、およそ300年ぶりだった。さきにお話しした江戸時代の噴火以来のことだった。

このときの噴火では、幸いなことに犠牲者はひとりもでなかった。新燃岳では2008（平成20）年と2010（平成22）年に水蒸気噴火がくりかえしおこったため、噴火警戒レベル（42ページを見よう）が2に上げられていた。そのため、火口の近くに立ち入っていた登山客はいなかったのだ。

ただ、噴火がこれほど大きなものになるとは予測されていなかった。このときおこったのはプリニー式噴火といって、非常にはげしいタイプの噴火である（13ページを見よう）。しかし予測では、新燃岳でマグマ噴火がおきた場合、それよりもやや小さなブルカノ式噴火になるだろうと考えられていたのだ。

このため、大きな噴火が始まった時点から、噴火警戒レベルが引き上げられるまでに時間がかかった。レベル2からレベル3（火口から人のくらす地域の近くまでの範囲への立ち入りを規制する）へと引き上げられたのは2時間半後のことだった。もう少し遅れていたら、大きな災害になってしまう可能性もあったのだ。

なお、このときの噴火のマグマは新燃岳の真下ではなく、少しはなれたところからやってきたとみられている。新燃岳から6～7kmほどはなれたえびの高原の西で（左上の地図を見よう）、マグマが地下に入りこんできているとみられるふくらみが、およそ1年前から観測されていた。そのふくらみが噴火の後にちぢんでいたのである。しかし、いつ、どのようにマグマが新燃岳の地下へと移動してきたのかは、現在もわかっていない。

火山に生きる植物たち

噴火したときには危険な霧島山だが、ふだんは多くの人々が登山や観光におとずれる。

登山客の目を楽しませているのが、ツツジのなかま

ミヤマキリシマ 5月下旬から6月中旬にかけて、霧島の山々に咲きみだれる。

ノカイドウ この植物が生えている場所じたいが天然記念物に指定されている。

のミヤマキリシマだ。漢字で書くと「深山霧島」で、その名のとおり霧島の山々に広く分布している。多くの植物は、火山ガスが流れてくるところでは生きることができない。しかし、ミヤマキリシマはそのような場所にたえられるのだ。

ノカイドウというバラのなかまの植物も有名だ。酸性の土にむいた植物で、自然に生えているのは世界でも霧島山だけなのだ。

これらの植物をはじめ、霧島山にはおよそ1300種類もの植物が生息している。たびかさなる噴火や、地球規模の気候変動によって、これほど多様な生態系がかたちづくられたのだ。

さきにお話しした2011年の噴火で焼けた土地からは、2年ほどたつとミヤマキリシマが芽をだした。森が焼けてしまい、日あたりがよくなった環境のもとでよみがえったのだ。

また、韓国岳や大浪池などの標高の高い火山には、まわりにはみられないモミやブナの木が生えている。これらは、およそ2万年前まで続いていた氷期の生きのこりで*、標高の高いすずしい場所で生きのびているのだ。

神話に登場する霧島山

霧島山は、神話の山として広く知られている。ニニギノミコトという神が、祖母の天照大神から日本の国土をおさめるように命じられ、天上から地上へと降りたった。その場所が霧島山の高千穂峰であったという神話が『古事記』や『日本書紀』に記されている。

高千穂峰の頂上には、ニニギノミコトが突き立てたと伝えられる「天の逆鉾」がある。ふもとにはニニギノミコトをまつる霧島神宮をはじめ、霧島六社権現と呼ばれる6つの神社がある。これらの神社は噴火のたびに別の場所に移動しながらも、現在まで続いてきた。

神話が生まれた時代にも、霧島山はさかんに活動していた。噴火をおそれ、うやまう人々の思いが、神話にはこめられているのかもしれない。

天の逆鉾

霧島神宮（鹿児島県霧島市）

丸池湧水　国が選定した「名水百選」のひとつだ。

湧水や温泉のめぐみ

ゆたかな湧水も霧島山のめぐみだ。とくに有名なのは鹿児島県の、その名も湧水町にある丸池湧水だ。1日あたり6万tもの水がわき出しており、町の生活用水として利用されている。

霧島山のふもとには温泉も多い。えびの高原温泉（宮崎県えびの市）や霧島温泉郷（鹿児島県霧島市）が有名だ。霧島温泉郷は関平温泉や丸尾温泉など、標高600〜850mのところにあるいくつもの温泉からなる。

*およそ2万年前まで続いていた氷期のころ、地球の平均気温はいまより10℃も低かった。

桜島（鹿児島県）

60年以上も活発な噴火が続いた

成層火山　火砕流　溶岩流　火山灰/軽石　火山弾　火山泥流

鹿児島市街からのぞむ桜島。活発に噴煙を上げている。

標高／1117m
おもな岩石／安山岩・デイサイト
ハザードマップ／○

桜島は2016（平成28）年まで、60年以上ものあいだ、噴火をくりかえしてきた。日本を代表する活発な活火山である。

噴煙を上げつづける桜島のふもとには、3000人をこえる人々が住んでいる。そして、海をへだててわずか4kmのところには、およそ60万人がくらす鹿児島市がある。活発な活火山にこれだけ近いところで、多くの人々が生活しているのは、世界でもきわめてめずらしい。

桜島はその雄大なすがたから、鹿児島のシンボルとなっている。生きている火山のすがたを見ようと、海外からも多くの観光客がおとずれる。

カルデラのへりに生まれた火山

桜島は、鹿児島湾のまん中をふさぐようにそびえている島だ。はるか大昔、このあたりは陸地だった。それが海になったのは、およそ2万9000年前などの超巨大な噴火のためである。この噴火でふき出したマグマは巨大な火砕流となり、九州の南部のほとんどを埋めた（129ページも見よう）。マグマがぬけた後の地面はへこみ、そこに海水が流れこんで、いまのような湾（姶良カルデラ）となったのだ。

その3000年ほど後に、カルデラのへりからマグマがふき出して島ができた。桜島の誕生である。いわば

姶良カルデラ　桜島　鹿児島湾　鹿児島市街

おもなできごと

- 2万9000年前 ― このころ超巨大な噴火がおこり、姶良カルデラができる。
- 2万6000年前 ― 姶良カルデラのへりに桜島ができる。
- 764年 ― 巨大な噴火で溶岩流などがおこる。
- 1471～76年 ― 巨大な噴火で溶岩流、噴石などがおこり、多数の犠牲者がでる。家屋や家畜にも大きな被害（文明大噴火）。
- 1779～82年 ― 巨大な噴火で溶岩流がおこる。海底噴火で津波も発生。死者150人以上（安永大噴火）。
- 1914年 ― 巨大な噴火。溶岩流や火砕流、地震などで死者58人、けが人112人、家屋の被害2000戸以上（大正大噴火）。
- 1946年 ― 噴火。火山灰が降り、溶岩流がおこる。死者1人（昭和噴火）。
- 1954年 ― この年から60年以上もの間、毎年のように噴火が続く。
- 1974年 ― 噴火。火山灰で土石流が発生。8人が犠牲に。

1914（大正3）年1月12日の大噴火 東京ドーム1300杯分のマグマをふき出し、関東地方や東北地方にまで火山灰が降った。

桜島は姶良カルデラの子どものような火山なのだ。

大正時代の巨大な噴火

　桜島はその誕生以来、巨大なものだけでも17回の噴火をくりかえし、そのたびに島の形をかえてきた。記録に残っているだけでも、奈良時代の764年から4回の巨大噴火がおきている。

　このうち1914（大正3）年の噴火は、記録に残る日本の噴火の中でもきわめて巨大なものだった。噴煙が山頂から8km以上にまでふき上がり（プリニー式

桜島の火口 2016（平成28）年7月に上空から撮影した。さかんに噴煙を上げており、山肌は火山灰におおわれている。

九州・沖縄

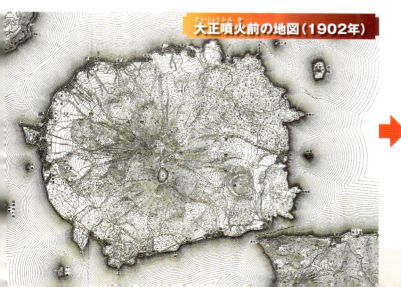

大正噴火前の地図（1902年）

大正噴火後の地図（1916年）

溶岩で島の形がかわった。

九州本島と陸続きになった。

火山灰のそうじ 道路につもった火山灰を、専用の車がそうじしてまわる。

島内には、土石流を流すための溝がつくられている。

灰置場 家々からでた火山灰は「克灰袋」に詰めて捨てられる。

噴火)、火砕流がおこってふもとの集落を焼いた。さらに大量の溶岩が海へと流れくだり、桜島は九州本島と陸続きになった。この噴火で58人が犠牲となり、2000戸をこえる家屋が被害を受けた。

1954（昭和29）年からは、くりかえし火山灰をふき出す噴火が始まり、2016（平成28）年7月まで60年以上にわたって続いた。

火山灰とともにくらす

桜島の噴煙は風に乗って広がり、広い範囲にこまかな火山灰が降ってくる。

島の西側の鹿児島市街や、東側の垂水市では、ロードスイーパーという専用の車が、道路につもった火山灰をそうじしてまわっている。また、家々には「克灰袋」というポリ袋が配られ、これに火山灰を入れて捨てるようになっている。わざわざ袋に詰めて捨てるのは、火山灰を水に流してしまうと溝や下水管を詰まらせてしまうからだ。

テレビでは桜島上空の風向き予報が報じられ、降灰速報のメールサービスなどもおこなわれている。

火山灰は土石流の原因にもなる。粒子のこまかい火山灰が、うすく山の地面をおおってしまうと、水がしみこみにくくなり、降った雨がどんどん斜面を流れくだるようになる。その流れが火山灰や土をまきこんで、土石流がおこるのだ。

このため桜島には、土石流をためてくい止めるためのダム（砂防ダム）や、土石流を流すための溝がもうけられている。

いっぽうで、このめいわくな火山灰を利用したアイデア商品などもつくられている。垂水市は、市役所の屋上に降った火山灰を缶詰にし、「ハイ！どうぞ!!」という名前をつけて売り出した。おみやげとして、また小学校などで理科の実験に使う材料として人気だという。また、火山灰をかためてつくった鹿児島の偉人・西郷隆盛の像なども、おみやげとして売られている。

火山灰の缶詰「ありがたくない、空からの恵み」などといった、ユーモアあふれるうたい文句が書かれている。

火山灰をかためてつくった西郷隆盛像

桜島のめぐみ

桜島の土は、噴火ででてきた軽石などがくだけてできている。この土は農業に役だっている。軽石にはこまかな穴がたくさん開いているので、水や空気がよく通る。この土の性質が、「世界一大きな大根」といわれる桜島大根を育てるのにむいているのだ。

「世界一小さなみかん」といわれる桜島小みかんも特産品だ。さきにお話しした桜島の土石流は、ふもとに扇状地をつくった。扇状地は、土砂がたまった場所なので水はけがよく、みかんの栽培にむいているのだ。

豊富な温泉も桜島のマグマのめぐみだ。島の南側にある古里温泉をはじめ、桜島と、その対岸をふくむ鹿児島市内にはおよそ270もの源泉がわき出している。この源泉の数は県庁所在地では日本一だという。旅館やホテルはもちろん、市内の銭湯のほとんども温泉であり、観光客を楽しませるとともに、地元の人々の疲れをいやしている。

桜島大根　つけものなどにして食べられる。

桜島小みかん　強い甘みとかおりが特長だ。

もっと知りたい！桜島

桜島では、火山のめぐみを楽しく体験できる。くわしくは「みんなの桜島」などのHPをみてみよう。

島の南側の有村海岸では、スコップを借りて地面を掘ると温泉がわき出てくる。手づくりの温泉に足や手をひたして、マグマのエネルギーを感じよう。島の東側の桜島溶岩加工センターでは、自分で溶岩で窯をくみたて、ピザを焼く体験ができる。

また、地元の書店で売っている『みんなの桜島』（NPO法人桜島ミュージアム編著・南方新社）は、火山の楽しみ方をたっぷり教えてくれる一冊だ。

桜島の楽しみ方が満載の本『みんなの桜島』。

手づくりの温泉のつかり心地は格別だ。

ピザの生地には、桜島でとれた椿油も使われている。

●みんなの桜島　http://www.sakurajima.gr.jp/　●桜島・錦江湾ジオパーク　http://www.sakurajima-kinkowan-geo.jp/

ゆたかな地熱のめぐみ
九重山（くじゅうさん）
大分県

溶岩ドーム　成層火山　火山灰/軽石　噴石　火砕流　溶岩流

標高／1791m
おもな岩石／玄武岩・安山岩・デイサイト・流紋岩
ハザードマップ／○

中岳
星生山

1995年の噴火　九重山という名前は、何重にも山々がつらなっていることにちなむといわれ、いくつものけわしい溶岩ドームや、小さな成層火山が集まっている。なかでも中岳（1791m）は九州本島で最も高い山だ。

わりあいおとなしい火山だとみられていたが、1995（平成7）年に噴火した。星生山の山腹から、上空およそ1kmまで噴煙が上がり、60kmほどはなれた熊本市にも火山灰が降った。

地熱のめぐみ　ふもとには、八丁原発電所と大岳発電所（いずれも大分県九重町）という2つの地熱発電所がある。とくに八丁原発電所は日本最大の地熱発電所で、11万kWの出力をほこる。これはふつうの家およそ20万軒分の電力をまかなえるだけの量だ。

また、山腹からふもとにかけて、長者原温泉、筋湯温泉（いずれも九重町）、長湯温泉（竹田市）などの温泉も豊富にわき出ている。

おもなできごと

20万年前	火山活動が始まる。
1万5000～1700年前	マグマ噴火がひんぱんにおこり、溶岩ドームや成層火山ができる。
1662年	星生山の山腹で水蒸気噴火？
1995年	星生山の山腹で水蒸気噴火。熊本市まで火山灰が降る。

八丁原発電所　地下深くまで掘った井戸からくみ上げた熱水を発電に利用している。

2015年に大きな噴火

口永良部島
鹿児島県

 成層火山
 火砕流
 火山灰/軽石
 噴石
 溶岩流

新岳

標高／657m
おもな岩石／安山岩・デイサイト
ハザードマップ／○

2015年の爆発的噴火 鹿児島市から南におよそ130kmの海上に突き出した火山島だ。ごく最近では2015（平成27）年5月29日に、新岳が大きな噴火をおこした。

午前9時59分にマグマ水蒸気噴火がおこり、噴煙の高さは上空9000mをこえた。さらに火砕流*が発生し、90秒以内に2km先の海岸まで流れくだった。

運よく犠牲者はでなかった。およそ140人の島民全員が島外に避難した。噴火はこの年の6月まで続いた。

気象庁から警報がだされたのは噴火の8分後であり、噴火の予知に課題を残した（48ページも見よう）。

温泉とエコパーク 島には4か所に温泉があり、人々の疲れをいやしている。また、絶滅が心配されるアオウミガメやエラブオオコウモリといった貴重な生物がいるため、2016（平成28）年には、自然と人間との共生をめざす「ユネスコ・エコパーク」に認定された。

* その一部は火砕サージ（29ページ）だった。

おもなできごと

- 50万年以上前 ● 火山活動が始まる。
- 1841年 ● 噴火で村落が焼け、多数の犠牲者がでる。
- 1933〜34年 ● 噴火で集落が全焼し、死者8人、けが人26人。山火事がおこる。
- 1966年 ● 噴火でけが人3人。火砕流が発生。
- 2015年 ● 5月29日にマグマ水蒸気噴火。火砕流がおこり、火山灰が降る。全島民約140人が島外に避難。

2015（平成27）年5月29日の新岳の噴火

カルデラのへりの火山島

薩摩硫黄島

鹿児島県

標高／704m
おもな岩石／玄武岩・安山岩・流紋岩
ハザードマップ／○

　薩摩硫黄島は鹿児島市の南南西90kmのところにある火山島だ。島の東にある硫黄岳はいつも噴煙を上げている。また、鬼界カルデラ（22ページも見よう）のへりの部分も、この島で見ることができる。

鬼界カルデラのへり

　鬼界カルデラは7300年前に超巨大噴火をおこした海底カルデラである。そのとき発生した巨大な火砕流は海をこえて鹿児島県にもやってきた。縄文時代の人々にとって大きな災害となっただろう。

　このときできた大きなへこみが鬼界カルデラである。東西20km、南北17kmの大きなへこみが海底地形図からわかる。このカルデラの北西のへりの部分を薩摩硫黄島で見ることができる。鬼界カルデラと薩摩硫黄島は、三島村・鬼界カルデラジオパークとなっている。日本で最も小さく、最も南にあるジオパークである。

噴煙を上げる硫黄岳

　硫黄岳は鬼界カルデラのへりにできた火山で、5200年前から噴火している。ねばり気の強いマグマによってできた厚い溶岩や溶岩ドームでできている。15～16世紀に噴火の記録がある。また、1934～35（昭和9～10）年には薩摩硫黄島の東2km地点

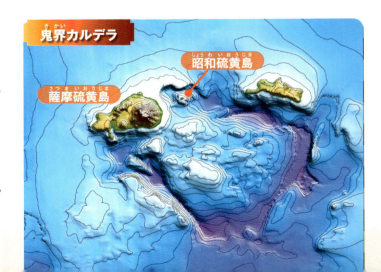

●三島村・鬼界カルデラジオパーク　http://mishima.link/

おもなできごと

- 7300年前 ● 超巨大な噴火がおこり、鬼界カルデラができる。
- 6000年前 ● 薩摩硫黄島が海上に姿をあらわす。
- 15～16世紀 ● 硫黄岳の山頂で水蒸気噴火。火砕流が発生。
- 1934～35年 ● 東に2kmはなれた海底で噴火。新しい島（昭和硫黄島）ができる。
- 1998～2004年 ● 毎年、噴火が続く。

噴煙を上げる硫黄岳

で噴火がおこり、新しい島（昭和硫黄島）が誕生した。1998（平成10）年から2004（平成16）年にかけては、毎年小さな噴火があった。

硫黄岳はいつも噴煙を上げている。それはマグマが浅いところまでやってきているためである。そのため、硫黄岳の山頂の火山ガスはたいへん高温で、800℃から900℃にもなる。有毒な火山ガスも大量にでているので、ガスマスクなしでは登山できない。

また、山頂にはかつての鉱山跡がある。硫黄や珪石をとったのである。どちらも火山ガスの作用によってできたもので、硫黄は火薬などの原料となる。珪石はガラスやセラミックなどをつくるのに使われる鉱石だ。

山頂はいつも噴煙が立ちこめ、あちらこちらで硫黄の結晶が見られる異世界である。

温泉と変色海水

薩摩硫黄島の港の水は濃い茶色だ。これは鉄分をふくんだ温泉水が港の中からわき出しているためである。また、薩摩硫黄島のいろいろなところから温泉水がわき出しているので、島のまわりの海は白い海水や茶色い海水でカラフルである。

もちろん温泉も豊富である。硫黄岳の南西にある東温泉は海岸にある露天風呂だ。温泉につかりながら、海をながめるのはとても気持ちがよい。また、夜行くと星がよく見える。温泉につかりながらゆったりと星をながめることができるのだ。お風呂の水面に反射して見える天の川を一度は見てほしい。

東温泉 海をのぞむこの露天風呂も薩摩硫黄島のマグマのめぐみだ。

九州・沖縄

変色海水 温泉水がわき出すため、海の水がこのような色になる。

硫黄の結晶 火山ガスにふくまれる硫黄分が結晶化したもの。

日常的に噴火が続く
諏訪之瀬島
鹿児島県

 成層火山 スコリア丘 火砕流 溶岩流 山体崩壊 火山灰／軽石 火山弾 火山ガス

標高／796m
おもな岩石／安山岩
ハザードマップ／○

噴火が続く火山島 九州から南西に175kmほどはなれた海上の火山島だ。15万年ほど前に、海面から顔をだして火山島となったと考えられている。

島のまん中の御岳はさかんに噴火を続けている。最近では1999（平成11）年から2017（平成29）年にかけて、毎年のように噴火し、火山灰を降らせている。

最も大きな災害の記録は、江戸時代の1813年の噴火である。空高く噴煙が上がり、火砕流が発生し、溶岩が流れ出し、さらに山が大きくくずれる山体崩壊もおこった。全島民が避難することとなり、島は1883（明治16）年までの70年間、無人島となった。

船で向かう秘湯 島には火山のめぐみもある。それが作地温泉だ。御岳のふもとに何か所もわき出している温泉をまとめてこう呼んでいる。

これらの温泉には集落から道がつながっておらず、船で行くしかない。旅館などの施設もなく、島の人々や釣り客が、漁や釣りのときに利用する秘湯である。

おもなできごと

- 15万年前ころ● 海面から顔をだす？
- 1813年● 噴火で火砕流が発生。溶岩が海まで流れ、山体崩壊もおこる。全島民が避難し、70年間にわたって無人島となる。
- 1957～97年● ひんぱんな噴火が続く。
- 1999～2017年● この間、毎年噴火が続く。おもに火山灰が降る。

御岳の火口 さかんに噴気を上げている。この島では噴火が日常となっているのだ。

日本の西のはしの火山

最後に、日本の西のはしの活火山をみてみよう。西のはしの火山島は硫黄鳥島、そしてもっとも西に位置する日本の火山は西表島北北東海底火山である。

▲ 硫黄鳥島

硫黄鳥島は、沖縄県でただひとつの活火山の島である。2〜1万年前から活動を始めたらしい。

記録に残る噴火の中で大きなものは1903（明治36）年のものである。噴火が4か月にわたって続き、およそ550人の全島民が約200kmはなれた久米島に移住した。

その後、一部の住民たちは島へと帰ってきた。この島では、火薬などの原料となる硫黄がとれたのだ。

しかし、1959（昭和34）年にふたたび噴火がおきた。噴煙が上空3000mまで上がり、噴石が発生した。噴火は1か月ほど続き、火山灰も降った。このとき島にくらしていた全島民86人は、またも島外へ避難せざるをえなかった。

噴火が終わった後には硫黄の採掘が再開されたが、1967（昭和42）年にまたも噴火がおこり、島はとうとう無人島となった。

この島のあちこちには現在も、硫黄の採掘に使った小屋や、うち捨てられた車などが残されている。

硫黄鳥島の火口 さかんに水蒸気をふき出している。

九州からトカラ列島にかけての火山フロント

▲ 西表島北北東海底火山

1924（大正13）年に、鹿児島県の西表島の北北東20kmほど沖合で突然、海底噴火がおこり、大量の軽石が日本の各地へと流れた。西表島に流れついた軽石の中には、たたみ1畳分をこえる大きさのものがあり、小学生がその上に乗って遊べるほどだった。

西表島北北東海底火山から九州本島の鶴見岳・伽藍岳にかけて、ほとんどの火山はネックレスのようにつらなっている。これを火山フロントという。プレートのしずみこみ（8ページを見よう）によって、このようなラインの地下で点々とマグマがわき出しているのだ。

さくいん

それぞれの言葉について、大事な説明のあるページをしめしています。

あ

- アア溶岩 …… 27
- 姶良カルデラ …… 22・28・129・140
- 青ヶ島 …… 120
- 青木ヶ原樹海 …… 99・100・103
- 赤城山 …… 113
- 阿寒カルデラ …… 66
- 秋田駒ヶ岳 …… 81
- 秋田焼山 …… 84
- 浅間山 …… 13・31・86
- 芦ノ湖 …… 107
- 阿蘇カルデラ …… 17・23・124
- 阿蘇山 …… 12・18・34・124
- 安達太良山 …… 85
- 吾妻山 …… 85
- アトサヌプリ …… 66
- 安山岩 …… 21
- 硫黄 …… 66・147・149
- 硫黄島 …… 120
- 硫黄鳥島 …… 149
- 伊豆大島 …… 12・35・114
- 伊豆東部火山群 …… 108
- 西表島北北東海底火山 …… 149
- 岩木山 …… 83
- 岩手山 …… 27・80
- 岩なだれ …… 78・97
- 有珠山 …… 13・23・34・43・58
- 雲仙岳 …… 28・31・35・130
- 恵山 …… 67
- 大室山 …… 108
- 大谷石 …… 113
- 大涌谷 …… 107
- 鬼押出し …… 86・87
- 温泉 …… 39
- 御嶽山 …… 15・45・94

か

- 外核 …… 6
- 海底火山 …… 14・27・108
- 核 …… 6
- かくせん石 …… 21
- 火口 …… 10・11・12・13・17・18・19・24・25・36・108
- かこう岩 …… 21
- 火口湖 …… 82・111・136
- かこうせんりょく岩 …… 21
- 火砕物 …… 19
- 火砕流 …… 13・17・28・30・31・55・56・68・69・86・90・118・124・128・129・130・131
- 火山ガス …… 10・25・36・47・84
- 火山ガラス …… 21
- 火山岩 …… 20・21
- 火山砕屑物 …… 18・19
- 火山性微動 …… 46・95
- 火山弾 …… 12・13・17・18・24・25・34・137・138
- 火山泥流 …… 30・43・52・54・75・78・90・91
- 火山灰 …… 13・17・25・30・31・100・101・104・105・142
- 火山フロント …… 149
- 火山防災マップ …… →ハザードマップ
- 火成岩 …… 20・21
- 活火山 …… 11・40・46・48・96
- 火道 …… 11・16・17・46
- 鹿沼土 …… 113
- 軽石 …… 13・24・25・30・31・65・113
- カルデラ …… 17・62・68・106・116・124・128・140
- カルデラ湖 …… 23・68
- かんらん岩 …… 9
- かんらん石 …… 21
- 鬼界カルデラ …… 22・146
- 象潟 …… 33・73
- 輝石 …… 21
- キラウエア火山 …… 12・26
- 霧島山 …… 13・136
- 金 …… 70
- 錦江湾 …… 129・140
- 草津温泉 …… 111
- 草津白根山 …… 111
- 九重山 …… 144
- 口永良部島 …… 48・145
- 屈斜路カルデラ …… 66
- 倶多楽 …… 63
- 栗駒山 …… 84

- 黒雲母 …… 21
- 玄武岩 …… 21・114
- 鉱床 …… 70
- 神津島 …… 23・118
- 鉱物 …… 21
- 黒曜石 …… 118
- 五色沼 …… 78
- 古富士 …… 98・99

さ

- 蔵王山 …… 82
- 桜島 …… 13・22・23・31・104・140
- 薩摩硫黄島 …… 146
- 佐渡金山 …… 70
- 山体崩壊 …… 32・62・64・72・76・78・96・97・106・132
- シェルター …… 44
- 死火山 …… 96
- 支笏カルデラ …… 56
- 地震 …… 7・46・59・102
- 地震計 …… 46
- 磁鉄鉱 …… 21
- 貞観噴火 …… 99
- 常時観測火山 …… 41・50・51・95
- 昭和湖 …… 84
- 昭和新山 …… 58・60・61・62
- シラス台地 …… 129
- シリカ …… 21
- 深成岩 …… 20・21
- 新富士 …… 98・99
- 新燃岳 …… 136・137・138
- 水蒸気噴火 …… 14・15・44・48・77・85・95
- スーパーボルケーノ …… 125
- スコリア …… 18・24
- スコリア丘 …… 18・108・121
- ストロンボリ式噴火 …… 12・15・114・121
- 諏訪之瀬島 …… 148
- 成層火山 …… 17・76・136
- 石英 …… 21
- 殺生石 …… 110
- 扇状地 …… 83・122・143
- 前兆現象 …… 46
- セントヘレンズ火山 …… 32
- せんりょく岩 …… 21
- 側火山 …… 11・136

た

大正池 …………………………… 111
大雪山 …………………………… 67
高千穂峰 ………………………… 139
楯状火山 ………………………… 16
立山 …………………………→弥陀ヶ原
タフリング ……………………… 19
樽前山 …………………… 18・23・56
単成火山 ………………… 16・18・119
地殻 ……………………………… 6
地殻変動 ………………… 46・47・59
地下水 …………………………… 38・74
地層 ……………………………… 35
地熱発電 ……………… 39・119・144
中央火口丘 ……………………… 125
柱状節理 ………………… 67・88・97
鳥海山 …………………… 27・33・72
長石 ……………………………… 21
鶴見岳・伽藍岳 ………………… 122
デイサイト ……………………… 21・134
天明の大噴火 …………………… 86
洞爺カルデラ …………………… 128
洞爺湖 …………………………… 62・128
十勝岳 …………………… 30・31・52
土石流 ………………… 101・122・142
トバカルデラ …………………… 23
十和田 …………………… 22・23・68
十和田湖 ………………………… 68

な

内核 ……………………………… 6
中岳 ……………………………… 125・126
流れ山 ……………… 33・73・77・133
那須岳 …………………………… 110
縄状溶岩 ………………………… 89・103
新潟焼山 ………………………… 90
新島 ……………………………… 23・119
西之島 …………………………… 121
日光白根山 ……………………… 110
熱水 ……………………… 15・48・95
ネバド・デル・ルイス火山 …… 31・43
登別温泉 ………………………… 63
乗鞍岳 …………………………… 112

は

白山 ……………………………… 112
爆裂火口 ………………………… 11
箱根山 …………………………… 106
ハザードマップ …… 42・54・60・65・75・91
八丈島 …………………………… 119
八甲田山 ………………………… 83
パホイホイ溶岩 ………………… 26・89
ハワイ式噴火 …………………… 12・15
磐梯山 …………………………… 33・76
はんれい岩 ……………………… 21
ピナツボ火山 …………………… 13・30
複成火山 ………………………… 16
普賢岳 …………………………… 130・131
富士五湖 ………………………… 99
富士山 …………………… 17・22・23・98
プリニー式噴火 ………… 13・15・138
ブルカノ式噴火 ………… 13・15・73・138
プレート ………………………… 6・7・8・9
ブロック状溶岩 ………………… 27・87
噴煙 ……………………… 11・12・13・25
噴煙柱 …………………………… 25・28
噴火警戒レベル ………… 42・95・138
噴火津波 ………………………… 64・133
噴火予知 ………………………… 46・48
噴気孔 …………………… 10・25・36
噴気地帯 ………………………… 36・84
噴石 ……………… 34・44・58・94・95・96
平成新山 ………………………… 131・132
別府温泉 ………………………… 122・123
ベヨネーズ列岩 ………………… 14
宝永噴火 ……… 99・100・101・102・103
北海道駒ヶ岳 …………………… 23・64
ホットスポット ………………… 9

ま

マール …………………… 19・108・136
マウナロア火山 ………………… 12・16
マグマ ……… 8・9・10・11・12・13・14・15・24・25・70
マグマ水蒸気噴火 …… 14・15・19・121
マグマだまり ……… 10・11・46・47・105
マグマのねばり気 …… 12・13・19・20・21
マグマ噴火 ……………… 10・11・12・15
枕状溶岩 ………………………… 27
眉山 ……………………………… 130・132
マントル ………………………… 6・7・8・9
弥陀ヶ原 ………………………… 92
三原山（伊豆大島）…………… 114
三松ダイヤグラム ……………… 61
三松正夫 ………………………… 60・62
三宅島 …………………… 26・37・116
明神礁 …………………………… 14
雌阿寒岳 ………………………… 66

や

焼岳 ……………………………… 111
焼走り溶岩流 …………………… 27・80
湧水 ……………………… 102・127・134
溶岩 ……… 10・11・16・17・18・19・21・24・26・27・72・86・87・88・99・114・117
溶岩ドーム …… 18・28・35・57・61・90・108・130・131・134・136
溶岩流 …………………… 26・90・117

ら

流紋岩 …………………………… 21・118

わ

割れ目噴火 ……………………… 11

監修・著　**林　信太郎**（はやし・しんたろう）

　秋田大学教育文化学部教授・同学部附属小学校校長。理学博士。
　1956年、北海道・樽前山のふもとに生まれる。北海道大学理学部卒業。東北大学大学院博士課程後期修了。専門は火山地質学、火山岩石学。
　趣味で料理をしていて、キッチンでおこることが、さまざまな噴火の現象によく似ているのに気づいたことをきっかけに、食材や身近な材料を使ったおいしく楽しい数々の実験を開発。それらをまとめた著書『世界一おいしい火山の本　チョコやココアで噴火実験』（小峰書店）は大きな反響を呼び、2007年度の青少年読書感想文全国コンクール・中学校の部の課題図書となったほか、同年の産経児童出版文化賞ニッポン放送賞を受賞した。
　「楽しく学んで噴火にそなえる」をモットーに、全国各地の小・中学校への「出前授業」などで、「キッチン火山実験」を通じて、噴火のしくみを分かりやすく伝えてきたことが評価され、2015年には日本火山学会賞を受賞した。同賞は我が国の火山研究の分野で最も権威ある賞である。
　近年は『ジオパークへ行こう！　火山や恐竜にあえる旅』（小峰書店）を著して、子どもたちにジオパークの魅力を伝えるほか、全国各地のジオパークをまわり、ジオガイドを対象とした講習会や出前授業を実施している。また、NHK「学ぼうBOSAI」などにも出演し、火山についての教育・啓発活動をおこなっている。

イラスト ……　マカベアキオ／川野郁代
デザイン ……　倉科明敏（T.デザイン室）
Ｄ Ｔ Ｐ ……　株式会社明昌堂
編　　集 ……　渡邊　航（小峰書店）
編集協力 ……　株式会社ダブルウイング（北郷克典・木村博之）

知っておきたい 日本の火山図鑑　　NDC450　151p　29cm

2017年3月13日　第1刷発行

監修・著　　林　信太郎
発 行 者　　小峰　紀雄
発 行 所　　株式会社小峰書店　〒162-0066　東京都新宿区市谷台町 4-15
　　　　　　電話／ 03-3357-3521　FAX ／ 03-3357-1027
　　　　　　http://www.komineshoten.co.jp/
組　　版　　株式会社明昌堂
印　　刷　　株式会社三秀舎
製　　本　　小髙製本工業株式会社

©Shintaro HAYASHI, Komineshoten 2017 Printed in Japan　ISBN978-4-338-08160-3

乱丁・落丁本はお取り替えいたします。
本書のコピー、スキャン、デジタル化等の無断複製は著作権法上での例外を除き禁じられています。
本書を代行業者等の第三者に依頼してスキャンやデジタル化をすることは、たとえ個人や家庭内での利用であっても一切認められておりません。

【協力（五十音順・敬称略）】赤司卓也／宇井忠英（環境防災総合政策研究機構）／臼井里佳（伊豆大島ジオパーク推進委員会）／大岩根 尚（三島村・鬼界カルデラジオパーク）／大野希一（島原半島ジオパーク協議会）／鹿野和彦（鹿児島大学理学部総合研究博物館）／佐藤公（磐梯山噴火記念館）／堤　隆（浅間縄文ミュージアム）／長井大輔（雲仙岳災害記念館）／三松三朗（三松正夫記念館）／山口珠美（箱根ジオミュージアム）

【写真・図版提供（五十音順・敬称略／撮影者・所蔵者含む）】青ヶ島村（p.120 上段3点）／青森県観光連盟（p.83 右3点）／赤司卓也（p.27 下）／秋田県観光連盟（p.36 下、p.69 右、p.71 右下、p.73 右下、p.75 上、p.81 上・下、p.84 昭和湖）／秋田大学国際資源学研究科附属鉱業博物館（p.70 上、p.71 右段2点）／あきた森づくり活動サポートセンター（p.81 中）／旭川市（p.67 左上）／アジア航測株式会社（p.125 中）／阿蘇火山博物館（p.17 下、p.124 上、p.127 下）／阿蘇ジオパーク推進協議会（p.17 下）／アメリカ航空宇宙局（NASA）（p.116 下、p.128 下、p.129 上、p.137 左上）／アメリカ地質調査所（USGS）（p.24 溶岩、p.25 火山灰・火山弾、p.26 下、p.30 上、p.32 上、p.43 下、p.99 下）／石川県観光連盟（p.112 左下・右下）／伊豆大島ジオパーク推進委員会（p.24 火山弾、p.89 上、p.114 下、p.115 上・溶岩灰皿・下）／伊豆半島ジオパーク推進協議会（p.109 一碧湖・ジオリア）／糸魚川ジオパーク（p.91 下2点）／岩木山観光協会（p.83 左上）／岩手県観光協会（p.80 上）／宇井忠英（p.56 上）／有珠山火山防災協議会事務局（p.43 上）／宇宙システム開発利用推進機構（p.52 下、p.56 下、p.64 下、p.76 下、p.86 下、p.96 左、p.132 下、p.138 上、p.140 下）／うつくしま観光プロモーション推進機構（p.76 上、p.79 左上・磐梯山噴火記念館、p.85 左上・左下2点）／裏磐梯観光協会（p.78 右下4点）／雲仙市（p.134 左下）／雲仙岳災害記念館（p.35 上）／王滝観光総合事務所（p.97 左上・左下）／大島観光協会（p.35 下、p.114 上、p.115 浜の湯）／大谷資料館（p.113 大谷石の切り出し場）／奥箱根観光株式会社（p.107 中）／小坂丈予（p.14 右）／鬼押出し園（p.87 左上）／海上保安庁（p.14、p.109 手石海丘、p.119 左上、p.121、p.131 中、p.145 上、p.146 上・下、p.148 下、p.149 右段2点）／鹿児島県観光連盟（表紙の桜島、p.129 下中、p.139 中・下、p.140 上、p.143 上、p.147 右中）／鹿児島県農政課（p.129 左下）／鹿児島県立博物館（p.141 上）／鹿児島市危機管理課（p.104 上）／鹿児島市道路維持課（p.142 左段2点）／火山噴火予知連絡会 御嶽山総合観測班（p.95 中・下）／神奈川県観光協会（裏表紙の箱根山、p.107 上）／上富良野町公民館（p.53）／環境省東川自然保護官事務所（p.67 ナキウサギ）／象潟郷土資料館（p.73 上、p.75 下）／気象庁（p.2 下、p.18 左、p.58、p.63 上、p.66 右上・左下、p.67 左下、p.83 左下、p.85 右下、p.116 上、p.118 上、p.120 左下）／九州森林管理局（p.144 上）／九州電力株式会社（p.144 下）／kyohei ito（p.74 左下）／霧島ジオガイドネットワーク・永友武治（p.137 右上、p.138 左下）／霧島ジオパーク推進連絡協議会（p.136）／ググっとぐんま（p.110 右下）／口永良部島ポータルサイト（p.48）／熊本県（p.36 上、p.126 上2点、p.127 上・下）／栗駒山麓ジオパーク（p.84 ニッコウキスゲ）／下呂市（p.97 右下）／小岩井農牧株式会社（p.80 下）／神津島観光協会（p.118 下）／Kohei Fujii（p.17 上）／国土交通省九州地方整備局雲仙復興事務所（p.130）／国土交通省北海道開発局旭川開発建設部治水課（p.54 下）／国土交通省北海道開発局広報室（p.59 上）／国土地理院（p.15、p.63 中、p.80 中、p.120 右下2点、p.141 下2点、p.145 下）／コーベットフォトエージェンシー（p.21 火山ガラス）／小諸市（p.44 下）／桜島ミュージアム（p.142 右上、p.143 コラム3点）／佐渡市世界遺産推進課（p.70 中・左下）／JAグリーン鹿児島（p.143 中）／ジオガシ旅行団（p.109 左下）／支笏湖ビジターセンター（p.56 イワブクロ）／静岡県観光協会（裏表紙の富士山、p.102 右上、p.108）／静岡県立中央図書館（p.101 下）／静岡県立中央図書館歴史文化情報センター（p.101 上）／史跡尾去沢鉱山（p.71 右下）／島原市（p.131 上、p.132 上）／島原城（p.134 左上）／島原半島ジオパーク協議会（p.21 デイサイト、p.133、p.134 右下）／信州・長野県観光協会（p.97 右上、p.112 左上・右上）／裾野市観光協会（p.49 富士山）／層雲峡観光協会（p.67 柱状節理）／壮瞥町（p.60 下）／壮瞥町教育委員会（p.60 右上）／高原町（p.139 上）／岳温泉観光協会（p.85 右上）／立山黒部貫光株式会社（p.92 上、p.93）／田中十洋（p.111 右下）／垂水市（p.142 下左）／千歳市（p.57 下）／鳥海イヌワシみらい館・長船裕紀（p.75 中）／鳥海山・飛島ジオパーク推進協議会（p.72）／ツーリズムおおいた（p.123 右段6点）／堤隆（p.118 中）／嬬恋郷土資料館（p.87 右上）／嬬恋村観光協会（p.87 下）／鶴見岳・伽藍岳火山防災協議会（p.122）／DEITz 株式会社（p.131 下）／東京大学理学系研究科・理学部生物学科図書室（p.78 上）／東京電力ホールディングス（p.79 右上、p.119 右下）／東京都（p.26 上、p.37、p.117 中）／東京都港湾局（p.119 左下）／洞爺湖町（p.59 下、p.60 左、p.128 上）／洞爺湖万世閣ホテルレイクサイドテラス（p.62 上）／十勝岳火山砂防情報センター（p.54 中）／十勝岳山麓ジオパーク推進協議会（p.52 上、p.55 中・下）／とちぎフォトライブラリー（p.110 左上・右上・左下）／Tomo.Yun（p.18 右、p.19 下、p.64 上、p.94、p.111 左上）／豊岡市フォトライブラリー（p.88 左下）／十和田市観光推進課（p.68 上）／長崎県観光連盟（p.134 右上、p.135 右段3点）／新潟県砂防課（p.90、p.91 上）／新潟大学附属図書館（p.70 右下）／新島村（p.119 右上）／にかほ市観光協会（p.33 下、p.74 上）／登別観光協会（p.63 下）／博物館明治村（p.113 上）／函館市観光部（p.67 恵山の紅葉）／函館市公式観光情報サイト「はこぶら」（p.67 水無海浜温泉）／函館市中央図書館（p.65 上・中）／箱根ジオミュージアム（p.107 下）／パブリックドメイン／ハワイ州観光局（p.16）／磐梯山噴火記念館（p.79 中・杉の枝）／PIXTA（p.99 上、p.125 上）／美斉津洋夫（p.87 右上）／ビジュアルぐんま（p.111 右上、p.113 下）／肥前島原松平文庫（p.132 左上）／フォト・オリジナル（p.86 上、p.98）／渕上印刷株式会社（p.148 上）／福岡管区気象台（p.34 上、p.137 下）／福島県（p.33 上、p.78 上）／福島県立図書館（p.77）／富士河口湖町（p.103 下）／ふじよしだ観光振興サービス（p.102 下、p.103 上）／別府市（p.123 左下）／北海道胆振総合振興局（p.62 マツカワ）／北海道上川総合振興局（p.54 下）／北海道漁業協同組合連合会（p.62 ホタテ貝2点）／毎日新聞社（p.95 上、p.117 上、p.125 下）／南阿蘇鉄道株式会社（p.126 右下）／みなみ北海道観光推進協議会（p.65 下）／三松正夫記念館（p.61、p.62 下）／みやぎデジタルフォトライブラリー（p.84 左下）／三宅村（p.117 下）／みやざき観光コンベンション協会（p.138 右下）／モルタルマジック株式会社（p.142 下右）／山形県（p.82）／やまなし観光推進機構（p.100 左上・右上・下）／山梨県水産技術センター（p.100 クニマス）／遊佐鳥海観光協会（p.74 右下）／吉本充宏（山梨県富士山科学研究所、p.95 中・下）／緑魚（p.127 下）／林野庁 中部森林管理局（p.96 右）／hans-johnson（p.102 左上）

【おもな参考文献・論文・HP】林信太郎『世界一おいしい火山の本　チョコやココアで噴火実験』（小峰書店）／林信太郎『ジオパークへ行こう！　火山や恐竜にあえる旅』（小峰書店）／高橋正樹・小林哲夫編『フィールドガイド日本の火山』全5巻（築地書館）／荒牧重雄・長岡正利・白尾元理『空からみる日本の火山』（丸善）／気象庁「日本活火山総覧第4版」／高橋正樹『日本の火山図鑑』（誠文堂新光社）／日本火山学会編『Q&A 火山噴火 127 の疑問 噴火の仕組みを理解し災害に備える』（講談社ブルーバックス）／日本火山学会編『Q&A 火山噴火―日本列島が火を噴いている！』（講談社ブルーバックス）／鎌田浩毅『火山はすごい』（PHP文庫）／鎌田浩毅『地球は火山がつくった　地球科学入門』（岩波ジュニア新書）／町田洋・新井房夫『火山灰アトラス　日本列島とその周辺』（東京大学出版会）／三浦綾子『泥流地帯』（新潮文庫）／岡田弘『有珠山　火の山とともに』（北海道新聞社）／三松三朗『火山一代　昭和新山と三松正夫』（北海道新聞社）／三松正夫『昭和新山物語　火山と私との一生』（誠文堂新光社）／藤井敏嗣『正しく恐れよ！　富士山大噴火』（徳間書店）／小山真人『富士山　大自然への道案内』（岩波新書）／鎌田浩毅『もし富士山が噴火したら』（東洋経済新報社）／さめしまことえ・桜島ミュージアム『桜島！まるごと絵本　知りたい！桜島・錦江湾ジオパーク』（燦燦舎）／目代邦康ほか編『北海道・東北のジオパーク　シリーズ大地の公園』（古今書院）／目代邦康ほか編『関東のジオパーク　シリーズ大地の公園』（古今書院）／早津賢二『妙高火山群―多世代火山のライフヒストリー』（実業公報社）／ハンス‐ウルリッヒ シュミンケ『新装版 火山学：I 火山と地球のダイナミクス』『新装版 火山学：II 噴火の多様性と環境・社会への影響』（古今書院）／H. Sigurdsson, B. Houghton, H. Rymer, J. Stix, S. McNutt "Encyclopedia of Volcanoes", Academic Press ／深田久弥『日本百名山』（新潮文庫）／国土地理院「火山土地条件図『岩手山』解説書」（2014）／藤縄明彦・林信太郎ほか「栗駒火山の形成史」（2001）／国土地理院「火山防災地形調査『新潟焼山』について」（2015）／気象庁地震火山部火山課ほか「2011 年霧島山（新燃岳）噴火における課題と対処」（2014）／井村隆介・石川徹「霧島ジオパークと 2011 年霧島山新燃岳噴火」（2014）／国立研究開発法人産業技術総合研究所発行の火山地質図・地質図／気象庁 日本活火山総覧（第4版）Web掲載版／群馬大学早川由紀夫研究室HP「過去 2000 年間の噴火データベース "HAYAKAWA's 2000-YEAR ERUPTION DATABASE"」／古代中世地震史料研究会［古代・中世］地震・噴火史料データベース（β版）／国立研究開発法人産業技術総合研究所地質調査総合センターHP「第四紀火山」／海上保安庁HP「海域火山データベース」／日本火山学会HP／日本火山の会HP／宇井忠英・勝井義雄・岡田弘ほか「災害教訓の継承に関する専門調査会報告書　平成 19 年 3 月　1926 十勝岳噴火」（内閣府HP）／洞爺湖有珠山ジオパークHP／佐渡ジオパークHP／糸魚川ジオパークHP／箱根ジオパークHP／伊豆半島ジオパークHP／白山手取川ジオパークHP／伊豆大島ジオパークHP／みんなの桜島HP／島原半島ジオパークHP／その他、数多くの論文、各火山の火山防災マップ、防災副読本などを参考にしました。